金沙江流域极端气候特征及融合数据应用

郭丹丹 刘国东 何继坤 著

西南交通大学出版社
·成都·

图书在版编目（CIP）数据

金沙江流域极端气候特征及融合数据应用 / 郭丹丹，刘国东，何继坤著. —成都：西南交通大学出版社，2023.8
　ISBN 978-7-5643-9457-8

　Ⅰ. ①金… Ⅱ. ①郭… ②刘… ③何… Ⅲ. ①数据处理 – 应用 – 金沙江流域 – 气象灾害 – 研究 Ⅳ. ①P429

中国国家版本馆 CIP 数据核字（2023）第 163794 号

Jinsha Jiang Liuyu Jiduan Qihou Tezheng ji Ronghe Shuju Yingyong

金沙江流域极端气候特征及融合数据应用

郭丹丹　刘国东　何继坤　著

责任编辑	韩洪黎
封面设计	墨创文化
出版发行	西南交通大学出版社
	（四川省成都市金牛区二环路北一段 111 号
	西南交通大学创新大厦 21 楼）
邮政编码	610031
发行部电话	028-87600564　028-87600533
网址	http://www.xnjdcbs.com
印刷	成都蜀通印务有限责任公司

成品尺寸	185 mm × 240 mm
印张	9.75
字数	195 千
版次	2023 年 8 月第 1 版
印次	2023 年 8 月第 1 次
定价	52.00 元
书号	ISBN 978-7-5643-9457-8

图书如有印装质量问题　本社负责退换
版权所有　盗版必究　举报电话：028-87600562

前　言

近年来，我国极端天气事件频发，特别是2020年6月—7月，长江流域经历多轮超历史强降水，雨量为1961年以来历史同期最大，导致长江流域连续出现历史性较大洪水，这直接影响到长江流域及其生态环境的可持续发展。金沙江地处长江源头，是长江上游来水来沙最大的河流，是我国最大的水电基地，流域研究对未来水电能源开发和生态环境保护具有重要战略意义。金沙江流域面积大，下垫面情况复杂，是气候变化比较敏感的地区，在长江流域灾害频繁发生的背景下，研究流域极端气候，特别是降水及气温等因子极端变化规律，对流域防洪减灾及流域可持续发展具有十分重要意义。并且，随着地理信息技术的飞速发展，利用遥感、卫星技术获取的降水、气温等气象资料在水文研究领域取得了较大进步，利用融合数据进行极端气候研究是非常有必要的。本书研究站点分布稀疏的大流域（金沙江）范围内的极端气候特征，验证融合数据在流域极端气候研究中的适用性，揭示极端降水、极端气温特征随时间尺度变化规律。

本书共7章，第1章介绍了典型数据产品及气候事件研究进展，第2章介绍了极端气候指数及其研究方法，第3章对流域极端气候事件阈值空间分布及趋势变化进行了分析，第4章对流域极端降水特征与趋势进行了分析，第5章对流域极端气温特征与趋势进行了分析，第6章介绍了融合数据极端气候指数空间应用，第7章为总结与展望。

本书是在郭丹丹（西华大学）研究成果基础上经补充、完善，由郭丹丹（西华大学）、刘国东（四川大学）、何继坤（成都纺织高等专科学校）共同编写完成。具体编写分工如下：第1~3章由郭丹丹、刘国东、何继坤编写；第4~6章由郭丹丹编写；第7章由郭丹丹、何继坤编写。

书稿在成书过程中得到了大量的帮助和支持。特别感谢刘国东教授的全程指导，刘教授严谨的学术态度、仁厚的品格为本书奠定了优良的学术基础。感谢陶学明教授、李颖教授的支持，感谢孟现勇教授的指导，感谢梁川教授的诚挚建议。感谢张潇潇博士、项健博士、肖光朋博士的无私帮助。

本书在编写过程中还参考了大量文献资料，在此向相关学者表示衷心的感谢！

流域极端气候的研究内容广泛，未来在大数据融合背景下，期待与各位同仁共同努力，不断丰富流域极端气候特征研究的手段与方法，深入了解流域极端气候的特征，为流域生态保护、防灾减灾、能源开发等提供科学依据。

书中如有疏漏或不妥之处，敬请各位专家、学者批评指正。

作 者

2023 年 4 月

目 录

第1章 典型数据产品及气候事件研究进展 ··········· 001
    1.1 典型融合气象数据产品及其应用 ············ 001
    1.2 数据简介与典型数据融合方法 ············ 004
    1.3 研究区气象数据的融合方法 ············ 007

第2章 极端气候指数及其研究方法 ············ 010
    2.1 极端气候事件阈值的确定 ············ 010
    2.2 极端气候指数 ············ 011
    2.3 极端气候事件的周期分析方法 ············ 012
    2.4 极端气候事件的突变检验方法 ············ 013

第3章 流域极端气候事件阈值空间分布及趋势变化 ············ 015
    3.1 极端气候事件阈值空间分布 ············ 015
    3.2 极端降水阈值空间分布及变化趋势 ············ 016
    3.3 极端高温阈值空间分布及变化趋势 ············ 019
    3.4 极端低温阈值空间分布及变化趋势 ············ 022

第4章 流域极端降水特征与趋势 ············ 025
    4.1 极端降水指数的时空变化 ············ 025
    4.2 极端降水指数的变化周期分析 ············ 036
    4.3 极端降水指数的突变分析 ············ 040

第 5 章　流域极端气温特征与趋势 · 043

5.1　极端气温指数的时空变化 · 043
5.2　极端气温指数的变化周期分析 · 055
5.3　极端气温指数的突变分析 · 059

第 6 章　融合数据极端气候指数空间应用 · 063

6.1　融合数据极端气候指数空间评价分析 · 063
6.2　融合数据下流域极端气候指数评价分析 · 105
6.3　融合数据下流域极端气候指数对比 · 117
6.4　典型洪水事件对极端降水的响应分析评价 · 122
6.5　典型洪水事件对极端气温的响应分析评价 · 135

第 7 章　总结与展望 · 140

7.1　基于地面气象站点观测数据计算分析流域极端气候特征 · 140
7.2　流域范围内融合数据适用性分析及流域极端气候特征指数对比 · 140
7.3　典型洪水事件对极端降水和极端气温的响应 · 141
7.4　展　　望 · 141

参考文献 · 143

【第1章】>>>>
典型数据产品及气候事件研究进展

1.1 典型融合气象数据产品及其应用

根据中国气象数据网的降水数据分析，降水数据大体分为两大类（见表 1-1）。

表 1-1　中国气象数据网主要降水数据集

分类	名称	数据源
第一类	中国地面降水日值 0.5°×0.5°格点数据集（V2.0）	1961 年以来全国国家级台站（基本站、基准站和一般站）的降水日值资料（由国家气象信息中心专项收集、整理）
	中国地面降水月值 0.5°×0.5°格点数据集（V2.0）	1961 年以来全国国家级台站（基本站、基准站和一般站）的降水月值资料（由国家气象信息中心专项收集、整理）
	中国逐日网格降水量实时分析系统（1.0 版）数据集	从实时库提取的全国 2 400 多台站（包括国家气候观象台，国家气象观测一级站、二级站）逐日降水量
	中国近 60 年地面逐日降水量网格数据集	气象资料室的全国 2 416 站 1957 年 1 月 1 日—2009 年 12 月 31 日的日平均地面降水量资料
第二类	中国自动站与 CMORPH 降水融合产品的逐时降水量网格数据集（1.0 版）	地面站点观测数据：经过质量控制后的全国 3 万～4 万个自动气象站观测的小时降水量。 卫星反演降水产品：美国气候预测中心研发的全球 30 min、8 km 分辨率的 CMORPH 卫星反演降水产品
	中国气象局陆面数据同化系统（CLDAS-V2.0）实时产品数据集（降水部分）	国家卫星气象中心的 1 h、5 km 分辨率（星下点）静止卫星多通道观测数据（标称圆盘图）。 国家气象信息中心的亚洲区域 1 h、0.062 5°分辨率的东亚多卫星集成降水数据产品（EMSIP）。 国家气象信息中心的中国区域 1 h、0.1°分辨率的 FY2/CMORPH 降水与地面自动站降水融合产品

续表

分类	名称	数据源
第二类	中国气象局陆面数据同化系统（CLDAS-V2.0）近实时产品数据集（降水部分）	国家卫星气象中心业务的 1 h、5 km 分辨率（星下点）静止卫星多通道观测数据（标称圆盘图）。国家气象信息中心业务的亚洲区域 1 h、0.062 5°分辨率的东亚多卫星集成降水数据产品（EMSIP）。国家气象信息中心业务的中国区域 1 h、0.1°分辨率的 FY2/CMORPH 降水与地面自动站降水融合产品

第一类：基于国家级台站（基本站、基准站和一般站）或从实时库中提取的全国台站（包括国家气候观象台，国家气象观测一级站、二级站）的降水量，经过直接插值或是重采样生成的降水数据产品。

第二类：基于卫星降水产品与地面自动站融合或与经地面自动站融合后产品再融合的降水数据产品。

根据中国气象数据网的气温数据分析，主要气温数据整体上也分为两大类（见表 1-2）。

第一类：专项收集、整理的全国国家级台站（基本站、基准站和一般站）的气温资料，并经过重采样得到的气温数据产品。

第二类：利用全国基本、基准站气温数据集、地面资料数据集及其他气温数据集共同集成生成的气温数据产品。

表 1-2　中国气象数据网主要气温数据集

分类	名称	数据源
第一类	中国地面气温日值 0.5°×0.5°格点数据集（V2.0）	1961 年以来全国国家级台站（基本站、基准站和一般站）的气温日值资料（由国家气象信息中心专项收集、整理）
第一类	中国地面气温月值 0.5°×0.5°格点数据集（V2.0）	1961 年以来全国国家级台站（基本站、基准站和一般站）的气温月值资料（由国家气象信息中心专项收集、整理）
第二类	中国地面气温日值格点数据集	气象资料室的"中国近 50 年均一化历史日最高、日最低、日平均气温数据集（1951—2004 年）""中国地面气候资料日值数据集"（2005—2007 年）

续表

分类	名称	数据源
第二类	中国地面气温月值格点数据集	1951—2004年均一性订正全国基本站、基准站气温月平均序列数据集。 2005—2007年地面月气温数据集。 NCDC研制的全球历史气候网数据集（GHCN_V2.0）
	中国地面气温年值格点数据集	1951—2004年均一性订正全国基本站、基准站气温月平均序列数据集。 2005—2007年地面月气温数据集。 NCDC研制的全球历史气候网数据集（GHCN_V2.0）

由此可以总结出，除了来自全国台站及全国自动气象站数据外，基于卫星反演降水数据是我国降水数据的主要来源。

基于卫星反演的降水数据集主要有 PERSIANN（Precipitation Estimation from Remotely Sensed Information using Artificial Neural Networks）、GSMaP（Global Satellite Mapping of Precipitation）、CMORPH［Climate Prediction Center（CPC）MORPHing technique］、基于TRMM卫星反演降水系列TMPA（TRMM Mutisatellite Precipitation Analysis）、基于GPM卫星反演降水系列等卫星降水反演产品[1]。对于卫星反演的降水产品，国内外研究者也进行了大量的研究，获得了许多研究成果。

Li等[2]对TMPA 3B42 V7、TMPA 3B42 RT和气候预测中心变形技术（CMORPH）三种全球卫星降水产品进行模拟，并将上述卫星降水产品用于水文应用，其中包括月尺度和日尺度的水文模拟。研究表明，3B42 RT和CMORPH具有较强的竞争优势，但在下游子流域中，3B42 RT的表现似乎优于CMORPH。张小丽等人[3]评价了卫星降水产品（TMPA和ERA-Interim）在流域尺度水文模拟中的适用性。结果表明，日尺度和月尺度模拟结果相对误差较小（10%以内），相关系数处于0.82~0.98之间，TMPA产品流域模拟效果较好，纳什系数（NSE）达到0.78。He等[4]基于IMERG算法（简称IMERG）和版本7（简称3B42）的GPM三级最终成果，在西南山区澜沧江流域评估了两种卫星降雨产品在2014年、2015年的两个雨季日降水量估算精度以及它们在水文模拟中的效果，结果表明IMERG提高了对中等强度暴雨事件的捕捉能力，对极端暴雨事件的探测能力较强，但明显高估了极端暴雨事件的数量。IMERG在驱动水文模型方面的表现往往优于3B42。Tang等[5]在中国东南部赣江流域，定量地比较热带降雨测量任务（TRMM）卫星降水分析（TMPA）和它的继任者全球降水测量（GPM）任务集成多卫星检索中GPM（IMERG）与雨量计的差异。这项早期研究强调，Day-1 IMERG产品可以在统计分析和水文模拟上充分替代TMPA产品，即使它目前的数据有限。Li等[6]运用统计分析和水文分析评估了中国赣江流域多卫星综合反演的水文效用，并以校正雷达RQPE产品和1 200个雨量计组成的高密度网络作为参考。结果表明，RQPE和雨量器插值数据与新推出的IMERG产品相比，表现出了更好的性能，由于雷达和雨量器观测相结合，RQPE在一定程度上优于雨量器插值数据。Tang等[7]利用每小时地面观测数据，对2014年4月—12月中国大陆地区的Day-1综合多卫星降水反演（IMERG）后实时产品进行了小时尺度的评价，是最早对IMERG和3B42V7产品进行评价和比较的研究之一，为IMERG算法相关的全球产品的开发及应用提供了有价值的参考。Ta等[8]评估了GPM（IMERG）和两种TRMM多卫星降水分析产品（TMPA 3B42和TMPA 3B42 RT）在典型热带地区——新加坡降水方面的运用能力。结果表明，在新加坡IMERG比TMPA产品适用性更好。此研究是对IMERG的最早评估之一，将研究结果与其他地区的现有研究结果进行了比较，讨论了IMERG和TMPA产品在该热带地区应用的一些局限性。Zhang等[9]以地面雨量计降水为参考，评估了IMERG最新版本05B降水产品在华南地区一场极端降水风暴期间的应用性能，比较、评估了GSMaP（V4）与双偏振天气雷达产品的表现。研究表明，GSMaP（V4）和IMERG V05B产品在估计此类型的暖区暴雨极端降水方面仍然存在着分辨率和精度等限制。Tan等[10]在马来西亚不同地区，分析比较了三种GPM IMERG产品（IMERG_E、IMERG_L和IMERG_F）与其前身TMPA 3B42、3B42 RT产品以及马来西亚长期使用的PERSIANN产品的数据表现。一些研究学者还对PERSIANN[11-14]、GSMaP[15-18]、CMORPH[19-23]等卫星类降水产品进行了研究。

1.2　数据简介与典型数据融合方法

1. 地面气象站点观测数据

本书以金沙江流域为研究对象，流域内有31个国家级地面气象观测的基准站、基本站，观测资料包括日平均降水及气温数据，观测年限为1960年至今，本次研究选择1960—2016年的资料。

金沙江石鼓站以上流域（后文称为上游流域）包含从青海省伍道梁站、托托河站到云南省越西站的15个地面气象观测站,石鼓站以下流域(后文称下游流域)包含从四川省木里站到云南省昆明站的16个地面气象观测站。

地面气象站点观测数据通常被认为是准确数据,量值真实可靠,精度较高,能够反映地面某一点降水的真实信息。

2. 中国自动站与CMORPH融合的逐时降水量网格数据集

CMORPH(Climate Prediction Center MORPHing technique)卫星反演降水产品是美国国家海洋和大气管理局气候预测中心研发的全球降水产品,具有实时性好、覆盖面广、时间序列完整等多方面优势[24,25]。通过概率密度匹配法[26]对CMORPH卫星反演降水产品误差进行订正,国家气象信息中心气象数据研究室发布了中国自动站与CMORPH融合的逐时降水量0.1°网格数据集——中国地面与CMORPH融合逐小时降水产品CMPA-Hourly(China Hourly Merged Precipitation Analysis combining observations from automatic weather stations with CMORPH at 0.1°×0.1°grid)[27,28]。该产品空间覆盖范围为70°E~104°E、15°N~60°N,空间分辨率0.1°,时间分辨率1 h,数据时间范围从2008年1月1日至今。

该降水融合产品有效结合了国内自动站地面观测站点数据,总体误差范围在10%以内(强降水和站点稀疏区的误差在20%以内),相比国际类似产品精度较高[29-31]。融合后产品可以较准确地捕捉典型区域的强降水过程,产品数据可以作为大气、水文等研究中降水的重要输入参数以及预报研究的基础性数据[24]。该数据免费向研究者开放,在中国气象数据网可以下载。本次研究下载了此数据集中金沙江流域的相关数据。

3. CMADS数据集

CMADS系列数据集(China Meteorological Assimilation Driving Datasets for the SWAT model)是孟现勇教授开发的公共数据集。CMADS数据集引入LAPS/STMAS同化算法,经过严格质量控制后,利用数据循环嵌套模式推算等多种技术手段建立。数据集空间覆盖范围为0°N~65°N、60°E~160°E,空间分辨率为0.33°、0.25°、0.125°、0.062 5°,时间分辨率为逐日,数据集有CMADS V1.0、CMADS V1.1、CMADS V1.2、CMADS-L系列,数据集内包含降水、气温、气压、比湿、风速等数据,具有.dbf和.txt两种数据格式,方便各领域研究人员进行分析与调用[32-35]。

CMADS数据集被运用在水文气象领域多个方面的研究中,例如:不同区域及流域的气象验证和分析[33,34,36-39]、寒冷地区冰川融雪与径流模拟[40,41]、洪水预报[42]、储水层对水流影响[43]、面污染源水资源建模和不确定性分析、水资源变化研究、气候变化研究及水质评价等，受到同行专家团队的认可[44]，表现出了良好的应用效果[45]。本研究使用CMADS V1.1数据作为主要分析数据，该数据分辨率为0.25°，时间跨度为2008—2016年，提供要素：日平均2 m温度（°C）、日最高2 m温度（°C）、日24 h累计降水量（mm）、日平均太阳辐射（MJ/m^2）、日平均气压（hPa）、日比湿度（g/kg）、日相对湿度（%）、日平均10 m风速（m/s），下载网址：http://www.cmads.org/。

4. TMPA、IMERG卫星降水产品

基于Tropical Rainfall Measuring Mission（TRMM）卫星的TRMM Mutisatellite Precipitation Analysis（TMPA）算法，将经过标定的微波反演数据与红外数据结合后与地面雨量计观测数据融合，获得基于TRMM卫星的、覆盖全球50°N～50°S的TMPA降水数据产品[46]。目前，常用的TMPA降水数据包括时间分辨率为日和3 h的实时降水产品3B42 RT、经过GPCC（The Global Precipitation Climatology Center）地面雨量站校正后的非实时降水产品3B42和时间分辨率为月的降水产品3B43。产品空间分辨率均为0.25°×0.25°[47]，TRMM卫星于2015年6月坠入南印度洋上空大气层，TMPA降水产品持续更新至2019年[48]。

基于Global Precipitation Measurement（GPM）卫星群的3级融合产品Integrated Multi-satellite Retrievals for GPM（IMERG）融合GMI、多卫星辐射计、微波校准红外（IR）以期得到更加精确的空间尺度降水估计值，其覆盖范围延伸至南北极圈。IMERG系列降水产品从2014年3月开始持续发布。目前，常用的IMERG降水数据包括时间分辨率为日和0.5 h的准实时产品IMERG-E（起始时间为2014年4月1日）、IMERG-L（起始时间为2015年3月14日），以及时间分辨率为0.5 h的非实时降水产品（起始时间为2014年3月12日）[49]，产品空间分辨率均为0.1°×0.1°。

对于TMPA卫星降水产品，国内外的统计分析评估工作已经比较充分，研究成果较多，其相应产品也具有相当好的适用性[2,3,50-53]。IMERG降水产品问世后，对IMERG降水产品的精度及水文适用性评估、对TMPA与IMERG的精度及水文适用性的对比评估也涌现出许多研究成果，其应用结果大多数优于上一代TMPA产品[4-7]。许多研究者在全球范围内使用卫星降水产品，并取得了较理想的研究结果[8,54-59]。本书采用TMPA的3B42-V7后实时处理降水产品[空间分辨率0.25°、时间分辨率3 h，后文简称TRMM（TMPA）产品]，以及经过地面站点校正的非实时后处理卫星降水产品，即 IMERG-F（the "Final" run IMERG）产品［空间分辨率 0.1°、时间分辨率 0.5 h，后文简称 GPM（IMERG）产品］作为金沙江流域的卫星降水研究数据。

5. 中国地面气温日值 0.5°×0.5°格点数据集

本书使用的网格气温数据集为中国地面气温日值 0.5°格点数据集（后文简称 0.5°网格数据集），该网格数据集时间跨度从 1961 年 1 月 1 日至今，空间覆盖范围为 72 °E ~ 136 °E、18 °N ~ 54 °N。

数据集经交叉验证和误差分析，数据质量状况良好[60]。

1.3 研究区气象数据的融合方法

数据融合最早来自军事及民用领域[61-62]，用于对多源信息或来自多个传感器的信息进行综合处理，从而得到更为准确、可靠的信息[63]。气象与水文领域的研究者，尝试着将数据融合技术与降水联系起来，形成更为"可靠"的降水融合数据。研究者对融合降水数据有这样的定义[64,65]：融合降水数据是在多种数据来源的基础上，利用不同时空分辨率、不同精度的降水观测数据或者是降水估计数据（如雷达、卫星和数值天气预报的估测结果），在某种优化准则上对各个数据进行匹配、权衡和优化组合，从而实现对降水空间状态合理估计的过程。

地面站点数据能够很好地反映地面降水某一点的真实信息，为了达到均匀分布的效果，许多研究者对地面雨量站数据进行空间插值后使用[66-69]。但是，由于降水空间分布的复杂性，插值后的降水是否能够体现空间降水关系需要进一步验证与评价。近年来，随着天气雷达与卫星遥感观测技术的发展，逐步形成了以雨量站网-天气雷达-卫星遥感为代表的多源降水观测体系[70]。利用卫星遥感技术对降水进行探测，卫星搭载的传感器联合不同算法[例如 GSMaP（Global Satellite Mapping of Precipitation）、CMORPH、TMPA、IMERG][46]产生了各种各样的区域性和全球性数据集，为研究降水过程和机理提供了十分重要的信息。

站在更广义的"数据融合"角度来讲，笔者认为只要对"直接信息"（例如直接观测到的信号、传感器直接采集的微波）进行综合处理，分析或优化生成的数据，都可以称之为"融合数据"。因此，地面雨量计插值降水数据、卫星降水数据、雷达降水数据或者利用卫星、雷达降水数据结合地面雨量修正的降水数据都可以成为降水融合数据。下面介绍本研究采用的各融合数据的融合方法。

1. 中国自动站与CMORPH融合的逐时降水量网格数据集

中国自动站与CMORPH融合的逐时降水量0.1°网格数据集（CMPA-Hourly）的融合方法见表1-3[71]。

表1-3 CMPA-Hourly 融合方法

序号	数据源	方法
1	站点小时数据（经过质量控制后的3万多个自动气象站观测的小时降水量）	将自动站点的小时数据经空间插值成为逐小时格点数据（空间分辨率0.1°×0.1°）
2	CMORPH降水产品	重采样得到相应卫星反演降水产品（空间分辨率为0.1°×0.1°，时间分辨率为1 h）
3	中国地区内观测降水量资料（小时）经过重新采样得到的反演数据	系统误差订正［误差订正方法为概率密度函数（PDF）误差订正法］
4	步骤3中经过误差订正的CMORPH产品作为初估场，步骤1中插值后生成的小时格点数据	利用最优插值（OI，Optimal Interpolation）法订正处理得到逐小时降水融合产品
5	生成的降水融合产品	对数据进行定量评估分析并验证数据误差范围是否符合精度要求

2. CMADS数据集数据融合

CMADS数据集的数据源[32,36,72]及其数据融合原理如表1-4所示。

表1-4 CMADS数据融合原理

数据集	数据来源	方法
降水	中国区域以外：NCEP-CPC制作的CMORPH卫星融合降水产品[34]	融合同化我国近4万自动站降水量
气温、气压、比湿、风速	国家自动站和区域自动站地面基本气象要素逐小时观测数据	通过LAPS/STMAS算法，融合经过前处理的GFS背景场数据与来自2 421个自动站的观测数据
辐射	DISSORT辐射传输模型。FY2E卫星一级产品实时反演太阳短波辐射产品	背景数据：ISCCP。利用大气辐射传输模式DISORT对FY2D/E标称图数据进行反演，计算出分析格点上的地面入射太阳总辐射辐照度

3. TMPA及IMERG卫星降水数据产品融合

基于卫星反演的降水融合产品，是利用TRMM卫星或GPM卫星上的微波成像仪和降水雷达等传感器，使用 TMPA、IMERG 等算法形成的降水融合数据产品。TMPA 算法原理[8,73]、IMERG 算法原理[7,74]见表 1-5。

表 1-5　TMPA 及 IMERG 数据融合原理

序号	TMPA 算法原理	IMERG 算法原理
1	首先使用 2010 版 GPROF（Godderd Profiling Algorithm）算法对被动微波（PMW）传感器进行降水最优值估计	首先使用 2014 版 GPROF（Godderd Profiling Algorithm）算法对被动微波（PMW）传感器进行降水最优值估计
2	使用校准过的微波降水生成可见光/IR 降水估计	使用校准过的微波降水生成可见光/IR 降水估计
3	PMW 估算值与 IR 估算值相互兼容、融合	PMW 估算值与 IR 估算值相互兼容、融合
4	将 GPCC（the Global Precipitation Climatology Center）地面雨量站数据集成到产品中	将 GPCC（the Global Precipitation Climatology Center）地面雨量站数据集成到产品中

GPM 卫星相对于 TRMM 卫星有 3 点改进：① 轨道倾角覆盖范围更大；② 雷达升至 2 个频率，增加其对光和降水的感应灵敏度；③ 微波成像仪增加了高频通道。相比 TMPA 算法，IMERG 算法在算法的版本及 GPCC 检测产品站点涵盖范围上有所改进。

【第2章】>>>>
极端气候指数及其研究方法

2.1 极端气候事件阈值的确定

关于极端降水、极端高温和极端低温事件的阈值,目前国际上通常采用"百分位法"确定[75-80],即超过或者小于该阈值时,被认为发生一次极端气候事件。对流域内各气象站点 1960—2016 年共 57 年完整年降水、气温资料进行整理,将各站点 57 年全序列的日降水量相应数值按全序列从大到小总排序,提取计算出第 90 百分位对应的降水量值,为该站点研究期内的日极端降水阈值。同理,将各站 57 年全序列的日最高气温值按全序列从大到小总排序,计算出第 90 百分位对应的日最高气温值,为该站点研究期内的日极端高温阈值;将各站 57 年全序列的日最低气温值按全序列从大到小总体排序,计算出第 10 百分位对应的日最低气温值,为该站点研究期内的日极端低温阈值。具体操作如表 2-1 所示。

表 2-1 极端气候事件阈值的确定

序号	名称	定义
1	降水阈值确定	时间范围:1960—2016 年流域内各地面气象站点逐日降水量。 极端降水阈值 P_{90}:逐日降水量按升序排列,得到 P_1, P_2, P_3, …, P_m,取序列的第 90 个百分位值。 极端降水事件发生年频次:极端降水年内发生的次数。 极端降水阈值强度:P_{90} 数值。 极端降水强度:日降水量年内最大值 P_{max} 的数值
2	高温阈值的确定	时间范围:1960—2016 年流域内各地面气象站点逐日最高气温纪录。 极端高温阈值 T_{90}:逐日最高气温按升序大小排列,得到 T_1, T_2, T_3, …, T_m,取序列的第 90 个百分位值。 极端高温事件发生年频次:极端高温年内发生的次数。 极端高温阈值强度:T_{90} 数值。 极端高温强度:日最高气温年内最大值 T_{max} 的数值

续表

序号	名称	定义
3	低温阈值的确定	时间范围：1960—2016年流域内各地面气象站点逐日最低气温。 极端低温阈值 t_{10}：逐日最低气温纪录按升序大小排列，得到 t_1, t_2, t_3, $\cdots$, t_m，取序列的第10个百分位值。 极端低温事件发生年频次：极端低温年内发生的次数。 极端低温阈值强度：t_{10} 数值。 极端低温强度：日最低气温年内最小值 t_{min} 的数值

2.2 极端气候指数

极端气候事件常用极端气候指数进行评价。这些指数包括极端事件的发生频率、事件强度、事件持续时间等。本书采用世界气象组织气候委员会推荐的常用指标，数据质量控制使用加拿大气象局气候研究部门 Zhang 和 Yang 开发的 ReclimDex 软件[81,82]，以降水量极值指标和降水日指标将极端降水指数进行分类，以气温极值指标和气温日指标[83,84]将极端气温指数进行分类。这些常用指标见表 2-2、表 2-3。

表 2-2 极端降水指数

类别	代码	名称	定义	单位
降水量指标	RX1day(y)	1 d 最大降水量	每月 1 d 最大降水量	mm
	RX5day(y)	5 d 最大降水量	每月连续 5 d 最大降水量	mm
	R95p(y)	强降水量	日降水量>95%分位值的总降水量	mm
	R99p(y)	极端降水量	日降水量>99%分位值的总降水量	mm
	SDII(y)	降水强度	降水量≥1.0 mm 的总量与日数之比	mm/d
降水日指标	CDD(y)	持续干期	日降水量连续<1 mm 的最长时间	d
	CWD(y)	持续湿期	日降水量连续≥1 mm 的最长时间	d

注：y 表示随年变化，下同。

表 2-3 极端气温指数

类别	代码	名称	定义	单位
气温极值指标	TXx(y)	年极端最高温	每年最高气温的最大值	°C
	TNx(y)	年最低温度极大值	每年最低气温的最大值	°C
	TXn(y)	年最高气温极小值	每年最高气温的最小值	°C
	TNn(y)	年极端低温	每年最低气温的最小值	°C
气温日指标	FD0(y)	霜冻日数	日最低气温（TN）<0 °C的全部日数	d
	ID0(y)	结冰日数	日最高气温（TX）<0 °C的全部日数	d
	WSDI(y)	热日持续指数	年连续6 d日最高气温（TX）>90%分位值的日数	d
	CSDI(y)	冷日持续指数	年至少连续6 d日最低气温（TN）<10%分位值的日数	d

定义研究期内各极端气候指数多年平均值，计算公式为：

$$\text{Index\_e} = \text{Average}_{1 \leqslant y \leqslant 57}\{\text{Index}(y)\} \quad (2\text{-}1)$$

式中，Index_e 为所有极端气候指数，例如：

$$\text{RX1day\_e} = \text{Average}_{1 \leqslant y \leqslant 57}\{\text{RX1day}(y)\} \quad (2\text{-}2)$$

2.3 极端气候事件的周期分析方法

事件序列如果具有周期演变的特征，那么利用统计学的基本方法，确定这种序列的周期性变化及其变化的时间位置，对研究气候现状、规律及气候预测具有重要意义。小波变换将一个"一维信号"分别从时间（横坐标）和频率（纵坐标）方向上展开。如果基础分析数据具有周期性的特点，那么将会展现出一种随时间序列变化的频率周期图像，使研究者清楚直观地观察到分析的结果。

本书对于样本时间序列的周期分析采用的是DPS系统中[85]的小波分析。其采用的小波变换的离散形式为：

$$W_f(a,b) = |a|^{1/2} \Delta t \sum_{i=1}^{n} f(i\Delta t) \Psi\left(\frac{i\Delta t - b}{a}\right) \quad (2\text{-}3)$$

式中，$W_f(a,b)$ 为母小波函数；a 为频率参数；b 为时间参数；f 为数据函数；Δt 为取样间隔；Ψ 为基本小波；n 为样本长度。

离散型小波变换：首先根据研究问题的时间尺度确定参数（频率参数）a 的初始值及增长时间间隔值，在计算母小波函数时，DPS 数据处理采用的是 Mexican hat 小波函数，最后将 a、$f(t)$ 研究序列代入式（2-3）算出母小波函数 $W_f(a,b)$。

对小波变换的结果可以进行样本特征分析：分析任一点附近的震荡特征或某一波长的震荡强度，可以确定某一奇异点突变信号的时间位置；分析不同时间周期演变等的样本数据特征[86]。小波分析图能反映降水或气温序列在不同时间尺度上的周期变化和在时间域中的分布[87]，可以直观地看出气温和降水序列周期振荡中的最大主周期、次主周期等[88]。

2.4 极端气候事件的突变检验方法

从统计学角度，突变可以被解释为从一个统计特性到另一个统计特性的急剧飞跃。研究者对突变理论的争议存在于相关的应用中，对于一些突变现象，由于其相关的物理机制还不明确，研究者很难进行解释，突变检测方法使用不当时，检测结果就会错误[85]。因此，可使用多种方法同时对某一气候系统过程进行突变检验，将结果加以比较，以期捕捉到尽量真实的"突变"检验结果。

本书采用 M-K（Mann-Kendall）检验法对极端气候序列进行检验，然后结合数据多年均值变化的趋势对极端气候序列进行突变检验分析。M-K 检验具有可以检验气候序列趋势性等特点。

假设气候序列为 $x_1, x_2, x_3, \cdots, x_N$，$m_i$ 表示第 i 个样本 x_i 大于 $x_j(1 \leqslant j \leqslant i)$ 的累计数。定义统一量：

$$d_k = \sum_{i=1}^{k} m_i \quad (k = 2,3,4,\cdots,N) \tag{2-4}$$

假定原序列随机、独立。d_k 的均值、方差为：

$$\begin{cases} E[d_k] = k(k-1)/4 \\ \mathrm{var}[d_k] = k(k-1)(2k+5)/12, 2 \leqslant k \leqslant N \end{cases} \tag{2-5}$$

将 d_k 标准化：

$$u(d_k) = (d_k - E[d_k])/\sqrt{\mathrm{var}[d_k]} \tag{2-6}$$

所有 $u(d_k)(1 \leq k \leq N)$ 将组成一条曲线，称为 UF 曲线。

引用此方法于反序列中，$\overline{m_i}$ 表示第 i 个样本 x_i 大于 $x_j (i \leq j \leq k)$ 的累计数，当 $i' = N+1-i$ 时，如果 $\overline{m_i} = m_i'$，则反序列中的 $\overline{u}(d_i)$ 为：

$$\begin{cases} \overline{u}(d_i) = -u(d_{i'}) \\ i' = N+1-i \end{cases} (i, i' = 1, 2, 3, \cdots, N) \tag{2-7}$$

所有 $\overline{u}(d_k)(1 \leq k \leq N)$ 也将组成一条曲线，称为 UB 曲线。

式（2-6）中，$u(d_k)$ 遵从标准正态分布，当给定一显著性水平 α，通过正态分布表可得临界值 U_α，如 α 取 0.05 时，其临界值 $U_\alpha = \pm 1.96$，当 $u(d_k) > U_\alpha$ 时，表示时间序列存在显著的随时间增加或减少的趋势。通过置信度检验可判定 UF 曲线和 UB 曲线是否具有增加或减少的趋势。分别绘出 $u(d_k)$ 和 $\overline{u}(d_k)$ 时序图，当 $u(d_k) > 0$ 时，序列为增加趋势，反之为减少趋势。如 $u(d_k)$ 超过临界值，则表示增加或减少的趋势达到显著水平。当 UF 曲线和 UB 曲线出现交点，且交点在临界值之间，则交点所对应的时间可认为就是突变开始的时间[85]。

【第3章】>>>>
流域极端气候事件阈值空间分布及趋势变化

3.1 极端气候事件阈值空间分布

本章根据流域内各气象站点1960—2016年共57年的气象观测数据，进一步开展对金沙江流域极端气候阈值、指数的分析研究，计算各站点的极端降水阈值、极端高温阈值和极端低温阈值，如表3-1所示。

表3-1 金沙江流域极端降水阈值和极端气温阈值

子流域	序号	站名	位置		极端降水阈值/mm	极端高温阈值/°C	极端低温阈值/°C
			经度/(°)	纬度/(°)			
上游子流域	1	伍道梁	93.08	35.22	7	12.76	-23.41
	2	托托河	92.43	34.22	6.9	15.12	-24.67
	3	曲麻莱	95.78	34.13	7.9	16.24	-22.22
	4	清水河	97.13	33.8	7.9	14.18	-26.96
	5	玉树	97.02	33.02	9.4	21.38	-15.05
	6	德格	98.58	31.8	11.9	24.25	-9.67
	7	甘孜	100	31.62	12	22.88	-11.32
	8	新龙	100.32	30.93	12	26.01	-10.51
	9	巴塘	99.1	30	12.77	29.65	-3.88
	10	理塘	100.27	30	14.15	18.47	-13.24
	11	德钦	98.92	28.48	12.1	19.23	-6.23
	12	稻城	100.3	29.05	14.4	20.24	-13.69
	13	九龙	101.5	29	15.45	23.75	-6.45
	14	迪庆（中甸）	99.7	27.83	12.6	20.54	-11.28
	15	维西	99.28	27.17	17.8	25.92	-1.94

续表

子流域	序号	站名	位置		极端降水阈值/mm	极端高温阈值/°C	极端低温阈值/°C
			经度/(°)	纬度/(°)			
下游子流域	16	木里	101.27	27.93	16.8	26.34	-1.18
	17	越西	102.52	28.65	18.5	28.99	-0.16
	18	丽江	100.22	26.87	19.1	25.14	-0.18
	19	盐源	101.52	27.43	17.9	25.09	-1.49
	20	雷波	103.58	28.27	12.2	27.28	1
	21	昭觉	102.85	28	18.1	26.51	-2.2
	22	昭通	103.72	27.35	13.9	27.21	-1.71
	23	华坪	101.27	26.63	28.22	33.85	4.68
	24	会理	102.25	26.65	25.5	28.16	0.39
	25	威宁	104.28	26.87	13.7	24.25	-1.88
	26	会泽	103.28	26.42	17	26.84	-0.31
	27	元谋	101.87	25.73	18.9	34.73	7.38
	28	楚雄	101.55	25.03	19.6	27.86	2.13
	29	昆明	102.68	25.02	20.5	26.37	2.65
	30	西昌	102.27	27.9	22.3	30.58	3.95
	31	大理	100.18	25.7	22.6	26.61	2.09

3.2 极端降水阈值空间分布及变化趋势

各站点90%分位极端降水阈值的空间分布如图3-1所示。流域内31个气象站点，从上游青藏高原的站点伍道梁到下游云南的楚雄、昆明，日极端降水阈值呈升高趋势。阈值最大值出现在云南省境内的华坪站，其日极端降水阈值为28.22 mm，最小值出现在青海省境内的托托河站，其日极端降水阈值仅为6.9 mm。流域横跨青藏高原，流经青海、四川、云南、贵州等省，流域面积大，地形复杂。由于上游处于青藏高原，地表高程高，年降水量较少，因此90%分位值的日极端降水值偏低。而下游处于盆地及平原地区，其降水量明显大于上游。

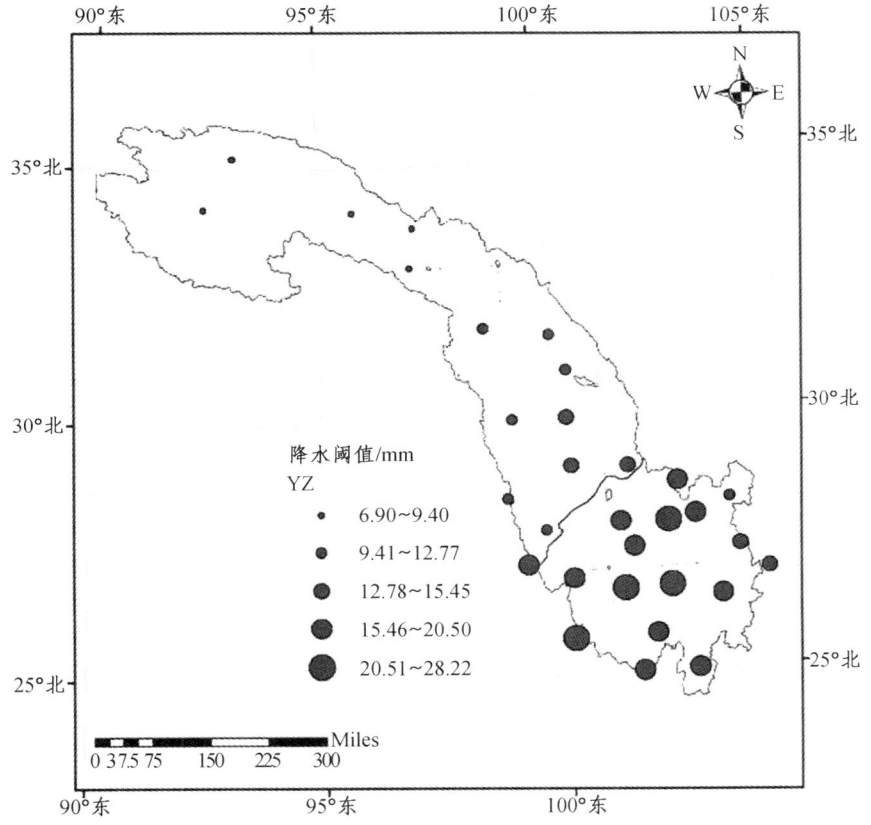

图 3-1 流域内各站点日极端降水阈值

为了进一步分析气象站点年极端降水日数的变化趋势,选取一些代表性站点进行极端降水日数的一元线性趋势分析。代表性站点的选择原则为:在上游流域范围和下游流域范围内参考极端降水阈值的较大值、较小值和中间值选取 3 个气象站点,分析其 1960—2016 年各年极端事件发生频次(后文中极端高温阈值、极端低温阈值代表站选择方法相同)。根据上述原则选取的极端降水代表站分别为:托托河、德格、维西、丽江、雷波、华坪等 6 个气象站点。每个代表站点的年极端降水发生日数详见图 3-2。

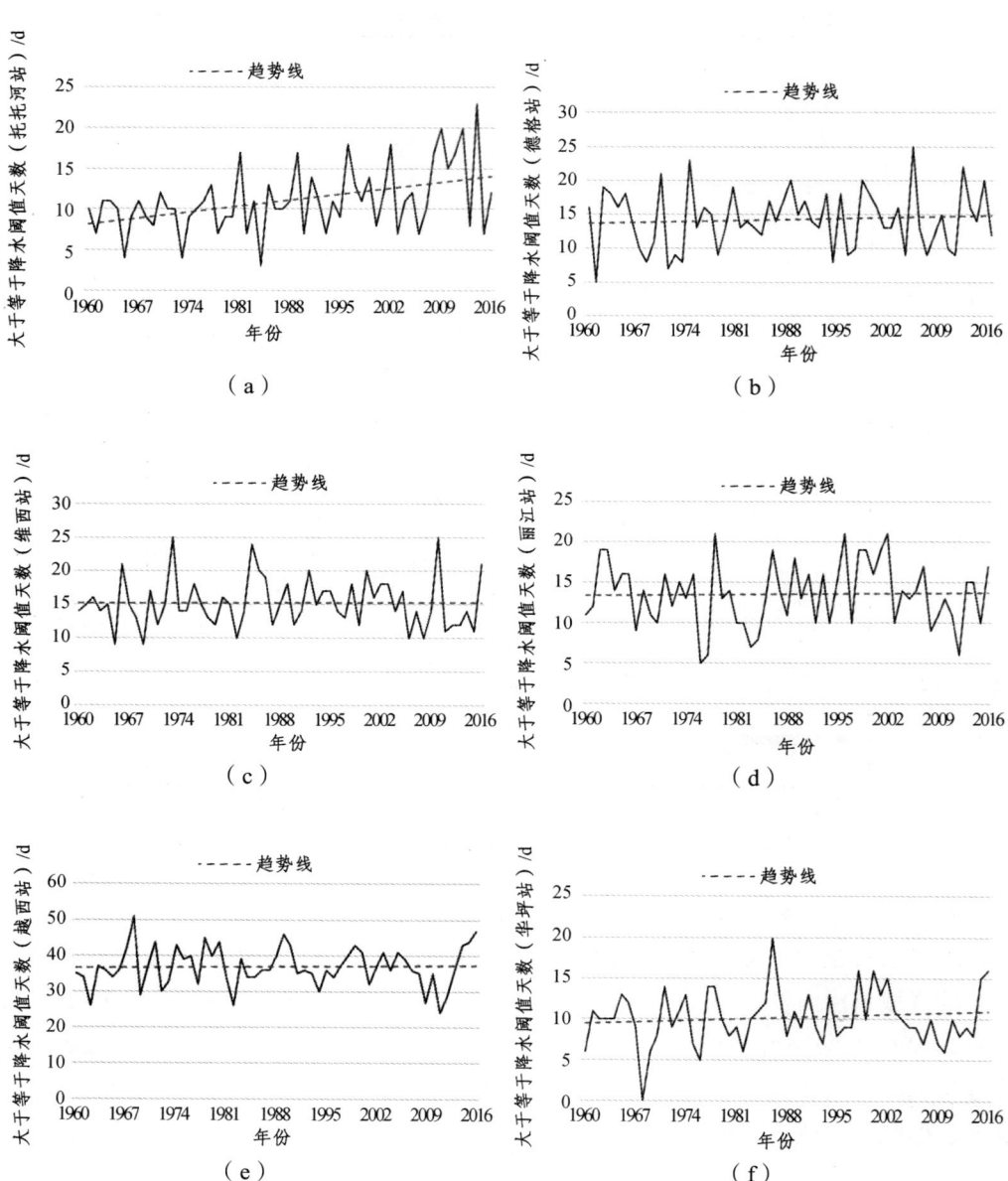

图 3-2 流域代表站点极端降水日数趋势

表 3-2　各代表站每年大于等于降水阈值天数的年倾向率

站点名称	托托河	德格	维西	丽江	雷波	华坪
年际倾向率/(d/10a)	0.11	0.02	0.01	0.01	0.05	0.03
95%显著性水平	1	1	1	1	0	1

注："1"表示变化趋势通过置信度95%的显著性检验，"0"表示变化趋势未通过置信度95%的显著性检验，下同。

图 3-2 中虚线为研究期各年极端降水日数一元线性趋势线。各代表站每年大于等于降水阈值天数的年倾向率及95%的显著性检验见表 3-2。从图 3-2 可以看出，研究期内各代表站年极端降水频次呈现出不同的趋势：托托河站趋势线明显上升，表明随着时间的推移，该站点年极端降水日数具有增多趋势。整个流域范围内托托河站的极端降水阈值较低，说明该站点年降水量偏少，可能由于降水量相对稀少，一旦出现降水量增加对所处地区的影响就会比较明显。该站极端降水频次趋势线通过了95%显著性检验。

德格站、维西站、丽江站极端降水日数年倾向率较小，说明这些站点多年降水量增加趋势不明显。华坪站也表现出了增加趋势，华坪站在1986年出现了一个较大的极端降水日数 20 d，极端降水日数年倾向率为 0.03 d/10a。

3.3　极端高温阈值空间分布及变化趋势

各站点90%分位极端高温阈值空间分布如图 3-3 所示。从流域内极端高温阈值空间分布图来看，下游子流域极端高温阈值较大。流域内极端高温阈值最小值出现在伍道梁站，其极端高温阈值仅为 12.76 ℃。伍道梁位于研究区内最北部气象站，且处于青藏高原，年均温度低，"地高天寒"为其气候环境基本特征。流域上游极端高温阈值最高的是巴塘站，约为 29.65 ℃。上游子流域极端高温阈值为 25～30 ℃ 的站点有 3 个，上游以伍道梁为起点向东南方向流经范围内气象条件逐渐转暖，这也符合整个流域的地形特征。极端高温阈值的最大值出现在元谋站，达到 34.73 ℃。下游子流域极端高温阈值的最小值出现在盐源站，为 25.09 ℃。整个下游区域阈值梯度值不明显。

分析气象站点每年的极端高温日数（超过该站年平均高温阈值的天数）变化，探寻气象站点内降极端高温日数的变化规律。选取一些代表性站点进行极端高温日数的一元线性趋势分析。选取的代表站分别为：伍道梁、巴塘、德钦、元谋、雷波、威宁等6个气象站点。每个气象站点的年极端高温日数详见图3-4。各代表站每年大于等于高温阈值天数的年倾向率及95%的显著性检验见表3-3。

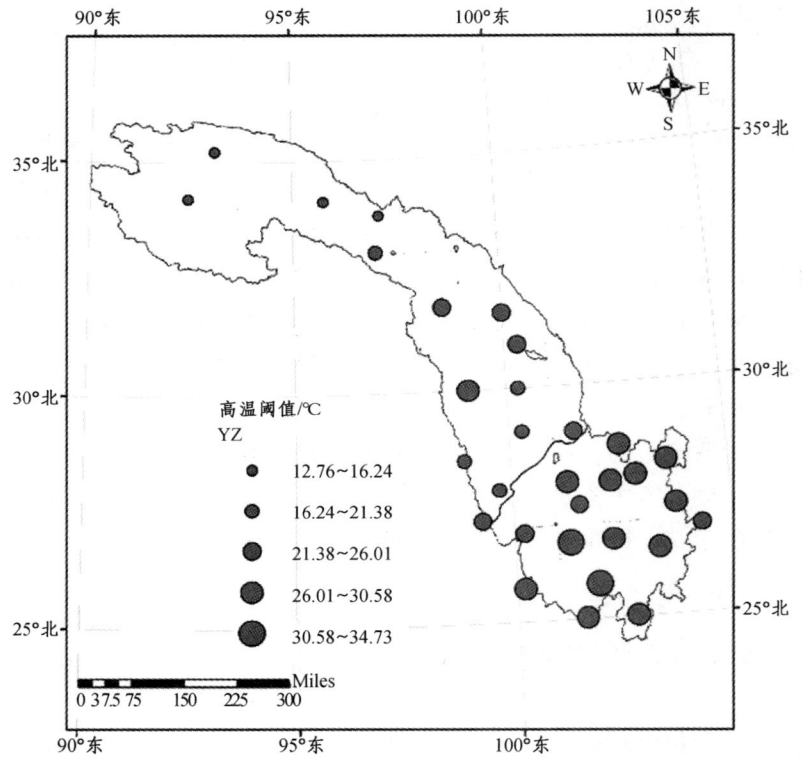

图3-3　流域内各站点日极端高温阈值

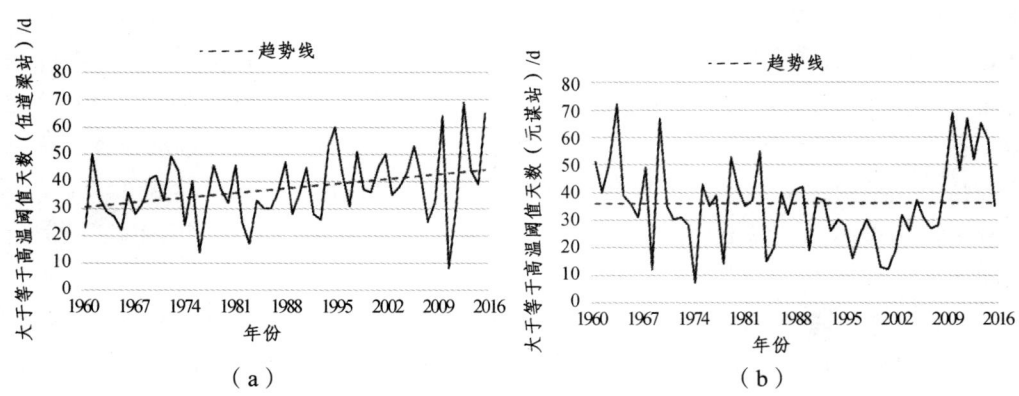

（a）　　　　　　　　　　　　　　（b）

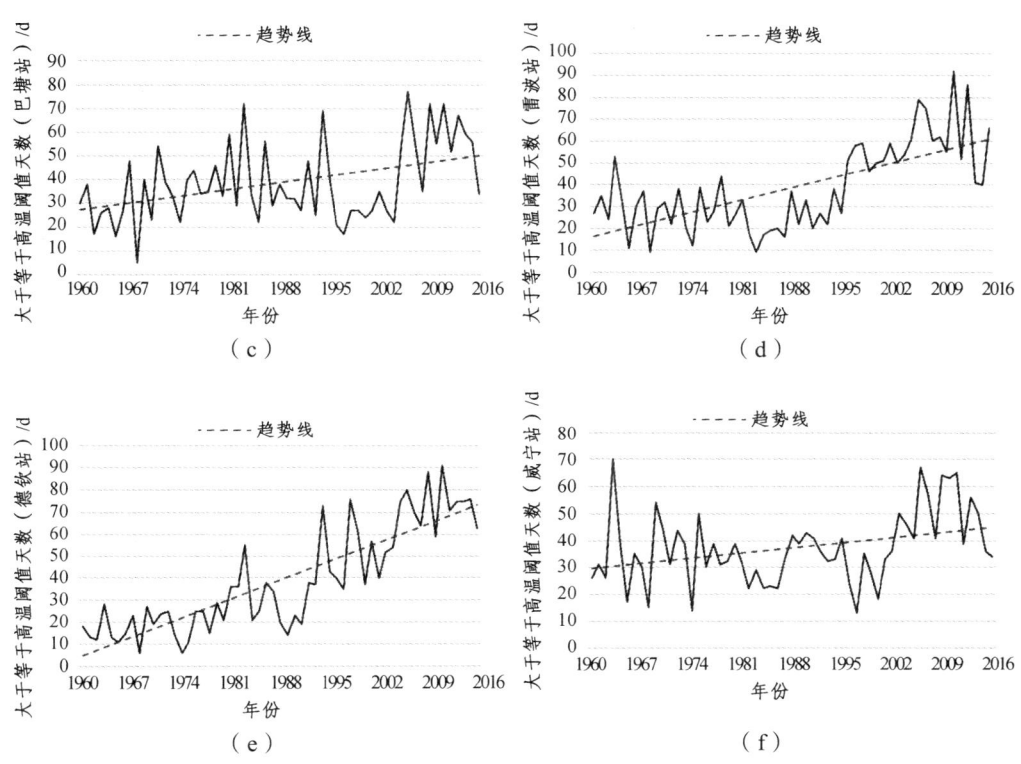

图 3-4 流域代表站点极端高温日数趋势

表 3-3 各代表站每年大于等于高温阈值天数的年倾向率

站点名称	伍道梁	巴塘	德钦	雷波	威宁	元谋
年际倾向率/(d/10a)	2.41	4.12	12.27	7.95	2.81	0.07
95%显著性水平	1	1	1	1	1	0

从极端高温日数年变化趋势来看：伍道梁站、巴塘站、德钦站、雷波站、威宁站都呈现增加趋势，其中德钦站增加趋势最大（由20世纪60年代、70年代全年极端高温日数在30 d以下，到2000年以来年极端高温日数超过50 d），极端高温日数年倾向率为 12.27 d/10a，温度升高趋势明显。著名的明永冰川、白茫雪山自然保护区位于该站范围内，高温日数明显升高，必定对其环境产生影响。

云南省境内的元谋站极端高温日数年倾向率较小，且未通过95%显著性检验。除元谋站外，其他代表站均通过了95%显著性检验。

3.4 极端低温阈值空间分布及变化趋势

各站点 10%分位极端低温阈值的空间分布如图 3-5 所示。上游子流域各站点极端低温阈值大部分在 0 ℃以下。清水河站极端低温阈值最低，为-26.96 ℃。下游站点，如雷波、华坪、会理、元谋、楚雄、昆明、西昌和大理等，其极端低温阈值都在 0 ℃以上。流域内极端低温阈值最高的是元谋站，为 7.38 ℃左右。元谋、楚雄、昆明为流域范围内最南端气象站，纬度较低，年平均温度较高，因此极端气温阈值相对较高，符合地理环境的现实。极端低温阈值在流域范围内呈现由西北向东南升高的趋势。

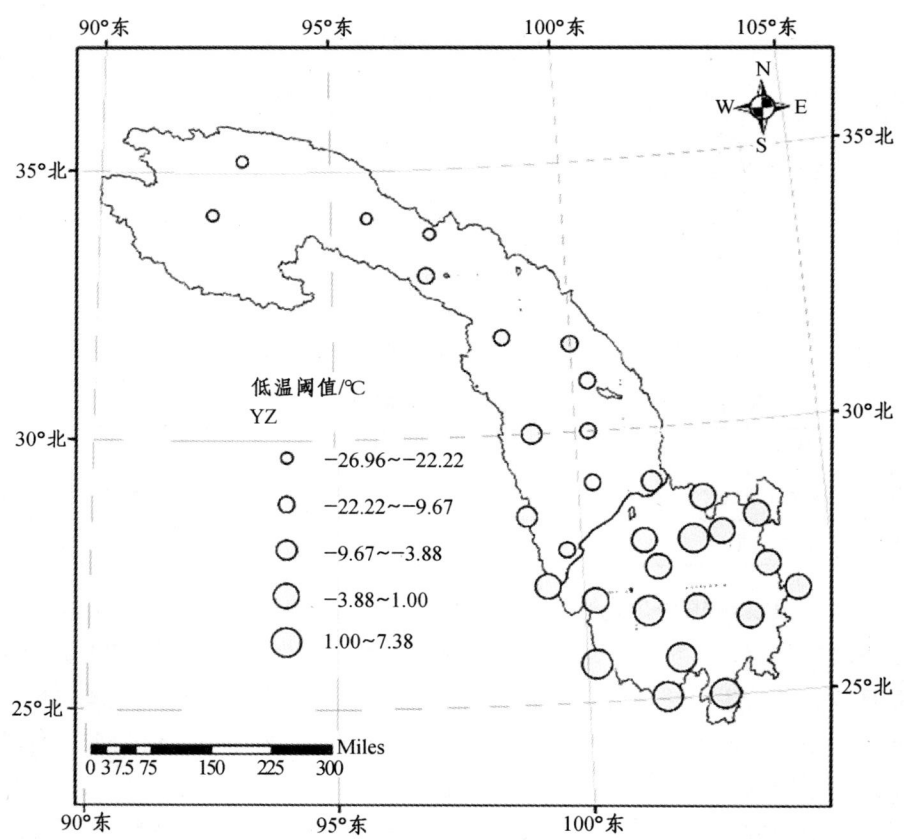

图 3-5　流域内各站点日极端低温阈值

进一步分析气象站点极端低温日数（低于该站低温阈值的天数）变化，探寻气象站点内降极端低温日数的变化规律。选取一些代表性站点进行极端低温日数的一元线性趋势分析。选取的代表站分别为：清水河、理塘、维西、越西、元谋、大理等6个气象站点。每个气象站点的年极端低温日数详见图3-6。各代表站每年小于等于低温阈值天数的年倾向率及95%的显著性检验见表3-4。

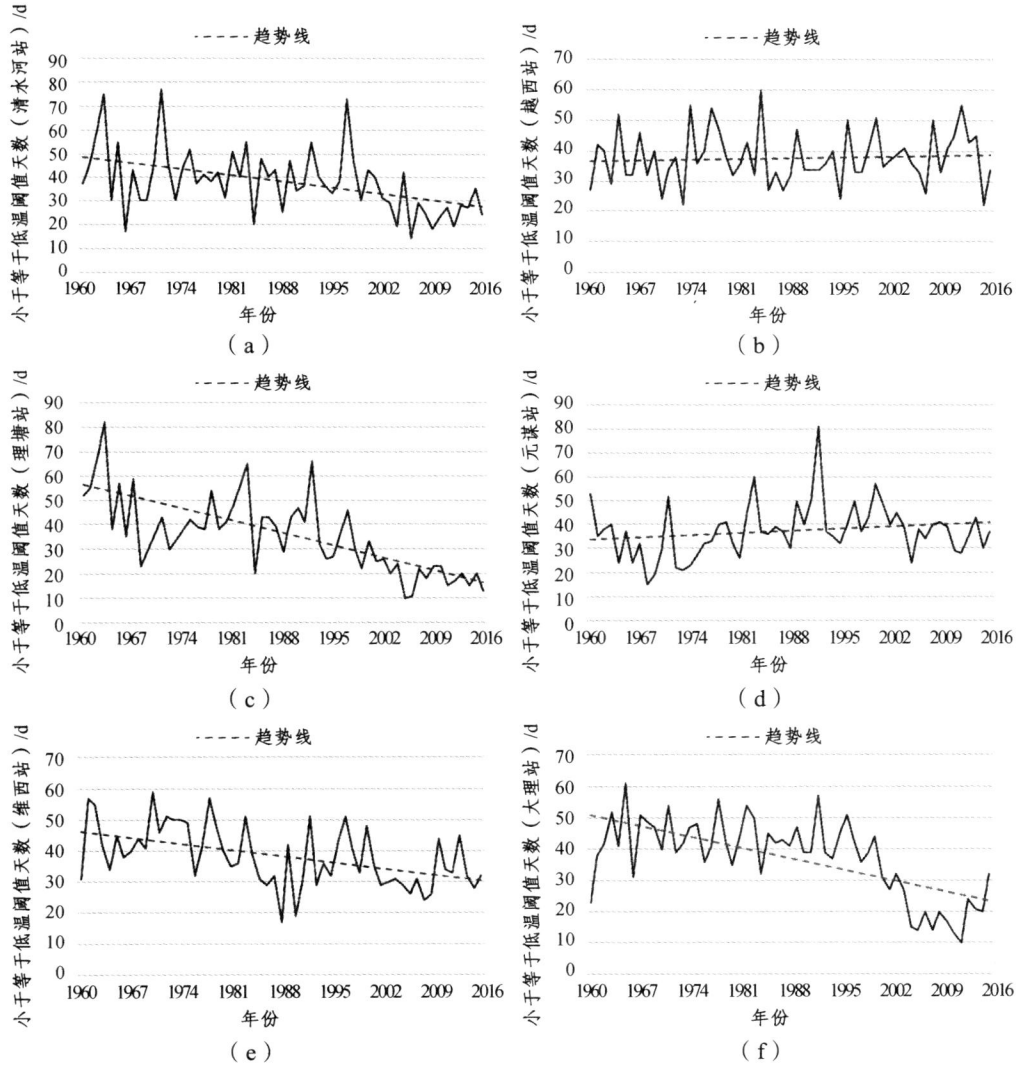

图3-6　流域代表站点极端低温日数趋势

表 3-4 各代表站每年小于等于低温阈值天数的年倾向率

站点名称	清水河	理塘	维西	越西	元谋	大理
年际倾向率/(d/10a)	-3.75	-7.19	-2.84	0.37	1.36	-4.88
95%显著性水平	1	1	1	0	1	1

从极端低温日数年变化趋势来看，代表站中有 2 个站点极端低温日数呈增加趋势，4 个代表站极端低温日数呈减少趋势。四川省的越西站与云南省的元谋站极端低温日数呈增加趋势，两者都处于流域下游，元谋站极端低温日数年倾向率为 1.36 d/10a，其线性趋势通过了 95%显著性检验，而越西站未通过显著性检验。

代表站中有 4 个站点极端低温日数呈下降趋势，极端低温日数年倾向率绝对值最大的是理塘站，年倾向率为-7.19 d/10a，绝对值最小的是维西站，为-2.84 d/10a，下降趋势明显。4 个代表站均通过 95%显著性检验。

【第 4 章】>>>>
流域极端降水特征与趋势

4.1 极端降水指数的时空变化

4.1.1 站点极端降水指数空间分布

1. 极端降水量指数

对流域内 31 个气象站点研究期内 57 个完整年的降水、气温数据进行质量控制及整理，按照 ReclimDex 软件对数据的格式要求将数据标准化，并进行异常值和缺测值处理，计算研究期内各气象站点的极端降水量指数多年均值及最大值（见表 4-1），多年均值空间分布如图 4-1 所示。

由图 4-1 可以看出，每月 1 日最大降水量、每月连续 5 日最大降水量、日降水量>95%分位值的总降水量、日降水量>99%分位值的总降水量以及降水量≥1.0 mm 的总量与日数之比，这些降水量指数都呈现出相同趋势，即：西北少、东南多、由西北向东南逐渐增加，且呈现出非常明显的上下游分段，上游部分指数值相差不大，下游部分指数值明显增大，说明研究区流域上下游极端降水空间分布差异明显。

每月 1 日、5 日最大降水量指数中，最小的是托托河站，分别只有 20.24 mm 和 42.12 mm；最大的是云南省的华坪站，达到 86.15 mm 和 152.57 mm。上下游之间的差异较大。日降水量大于 95%分位值的总降水量与日降水量大于 99%分位值的总降水量空间分布趋势及变化与最大降水量基本一致。年降水量与日降水的比值最大值是华坪站的 13.67 mm/d。

表 4-1 各气象站点极端降水量指数多年均值及极大值

序号	站名	RX1day 多年均值/mm	RX1day 极大值/mm	RX1day 极大值发生年份	RX5day 多年均值/mm	RX5day 极大值/mm	RX5day 极大值发生年份	R95p 多年均值/mm	R95p 极大值/mm	R95p 极大值发生年份	R99p 多年均值/mm	R99p 极大值/mm	R99p 极大值发生年份	SDII 多年均值(mm/d)	SDII 极大值(mm/d)	SDII 极大值发生年份
1	伍道梁	20.27	37.1	1977	43.08	94.9	2001	60.25	176.8	2002	19.87	117.3	2002	4.52	6.5	2002
2	托托河	20.24	37.1	1977	42.12	94.9	2001	60.36	176.8	2002	21.79	136.3	2002	4.49	6.5	2002
3	曲麻莱	22.95	40.4	2005	46.32	75.3	1970	72.75	140.9	2010	23.45	87.7	2005	4.76	6	1991
4	清水河	25.81	64.5	1986	54.09	101.1	2007	95.79	208	2010	31.85	91.5	2007	4.89	6.1	1985/2007
5	玉树	23.87	38.8	1994	50.45	86.6	1979	80.28	201.1	1989	22.42	78.1	1989	5.26	6.6	1970
6	德格	28.23	39.4	1968	67.03	96.1	1970	108.73	216.9	1966	28.39	96.9	1995	6.33	7.4	1974/1980/1993/1999
7	甘孜	27.23	42.9	2015	61.5	99.4	1970	110.13	285.8	1970	27.47	153.7	1984	6.26	8.1	2015
8	新龙	28.88	43.5	2005	67.8	99.3	1970	110.55	238.2	1993	32.95	165	2005	6.42	7.8	1990
9	巴塘	29.9	42.3	1983	66.23	122.1	1998	93.56	206.3	2003	29.9	131.1	1993	6.74	9.1	1966
10	理塘	35.53	63.9	1989	85.72	159.1	1989	146.26	371	1998	42.37	143.5	2003	7.39	9.6	1965
11	德钦	36.35	74.7	1966	78.26	158.4	2007	136.74	326.9	2007	34.72	197.2	1989	6.72	8.5	1966/2007
12	稻城	35.31	50	2003	83.43	124.5	1960	120.62	416.8	1998	31.72	135	2003	7.51	10.6	1998
13	九龙	37.35	55.4	1998	88.33	129.9	1999	176.21	323.9	2003	44.66	124.8	2013	7.7	10.1	2003
14	迪庆(中甸)	36.19	72.2	1977	77.13	129.4	1977	125.6	282.5	2007	39.7	147.2	1972	6.85	9.1	1966
15	维西	50.1	93.4	1994	107.75	199.9	1994	202.49	438.7	2002	59.25	256.6	1992	8.89	11.3	1984/1994
16	木里	44.08	77.4	1997	94.84	148.9	1965	180.25	528.5	1998	61.27	255.6	1998	8.65	10.8	2002/2012

续表

序号	站名	RX1day (y)			RX5day (y)			R95p (y)			R99p (y)			SDⅡ (y)		
		多年均值/mm	极大值/mm	极大值发生年份	多年均值/mm	极大值/mm	极大值发生年份	多年均值/mm	极大值/mm	极大值发生年份	多年均值/mm	极大值/mm	极大值发生年份	多年均值(mm/d)	极大值(mm/d)	极大值发生年份
17	越西	61.78	160.1	1990	109.01	220.2	1990	246.69	565.3	1983	62.62	234.1	1983	9.49	11.7	2015
18	丽江	56.89	112.8	1999	109.52	166.9	1962	226.22	476.1	1999	74.27	227.6	1999	9.69	12.7	1999
19	盐源	51.28	97.4	1981	97.65	182.8	1965	174.99	526.8	1981	46.15	259.5	1981	9.11	12	1981
20	雷波	66.55	130.4	1979	100.11	162.4	1965	246.15	597.4	2013	81.28	295.1	2013	8.21	11.8	2013
21	昭觉	54.71	85.1	2006	104.1	223	2008	236.57	524.3	1968	81.79	269	2014	9.41	12.2	1968
22	昭通	50.09	188.5	1999	86.68	222.4	1999	158.05	340.9	1977	44.27	188.5	1999	7.93	9.8	1966
23	华坪	86.15	170.9	1983	152.57	281.1	1981	252.51	545.4	1986	83.72	367.6	1981	13.67	18.7	1986
24	会理	82.96	172	1974	147.61	352.3	1974	298.18	653.1	1985	75.88	368.4	1985	12.9	16.8	1968
25	威宁	62.29	121.9	2014	109.58	228.1	2014	230.18	588.7	2014	72.47	399.2	2014	8.65	12.3	2014
26	会泽	55.92	98.7	1998	100.04	185.7	2010	193.01	464.3	1968	55.89	242.4	1968	9.11	12.4	1968
27	元谋	60.68	102.9	1970	88.39	200.2	1998	163.05	380.2	2001	48.34	238	1970	9.91	13.3	2001
28	楚雄	63.92	174	2003	112.63	199.3	1995	224.11	602.9	1986	63.97	364.4	2001	10.44	15.8	2003
29	昆明	75.52	165.4	1986	123.66	209.2	1966	265.98	673.7	1999	87.41	343.1	2015	10.63	14.4	2015
30	西昌	69.17	128.7	2000	120.72	204	1973	256.41	733.3	1998	9.58	563.4	1998	11.04	15.5	1998
31	大理	73.79	116.8	1962	133.37	251.8	1986	250.48	530.4	2016	67.94	271.8	1968	11.36	15.2	2009

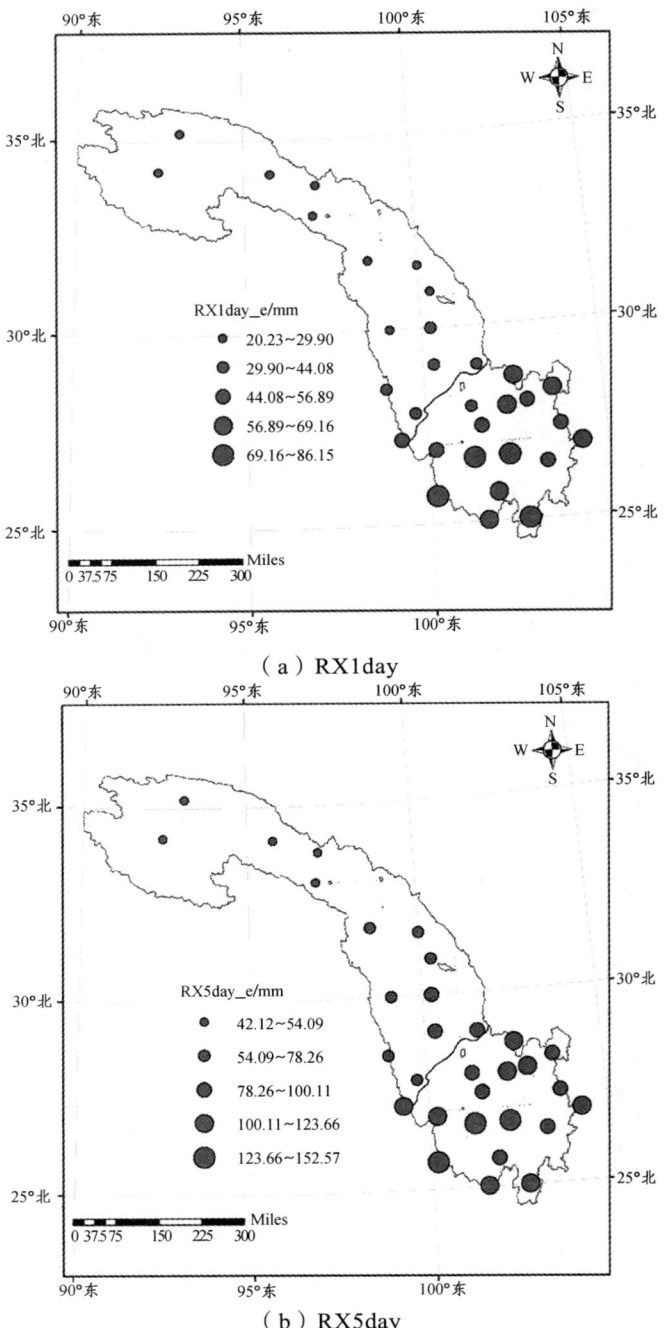

(a) RX1day

(b) RX5day

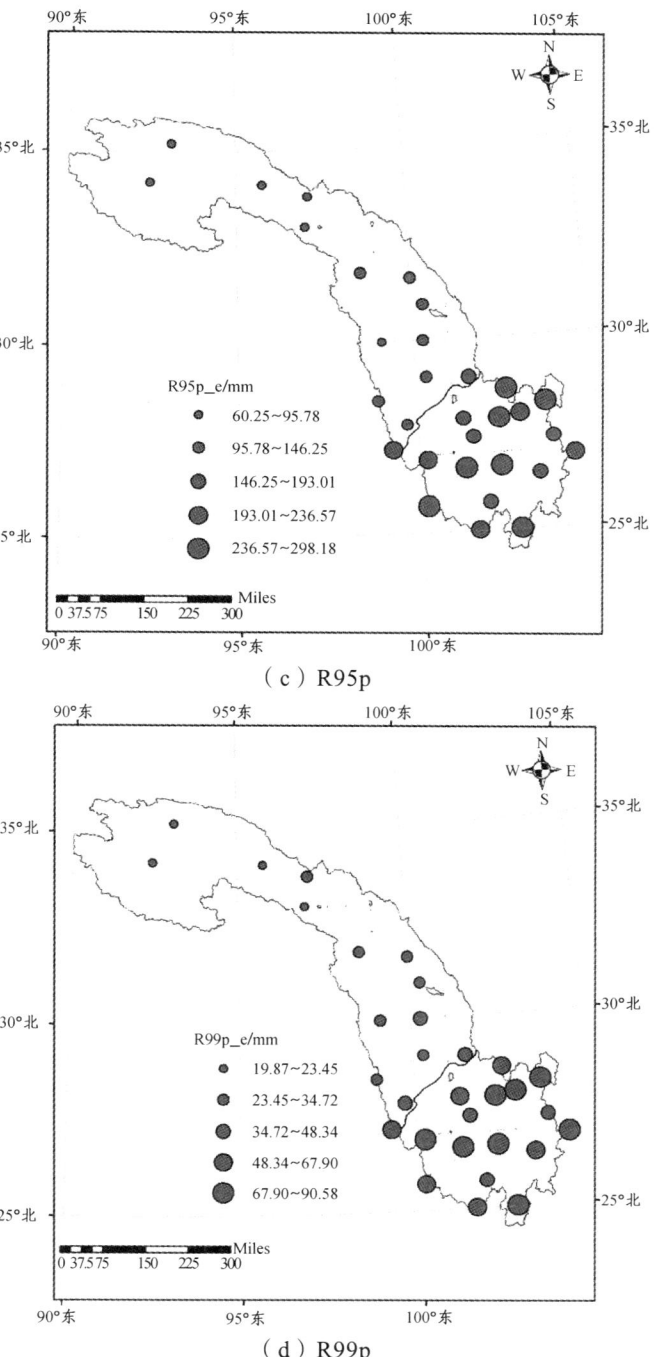

(c) R95p

(d) R99p

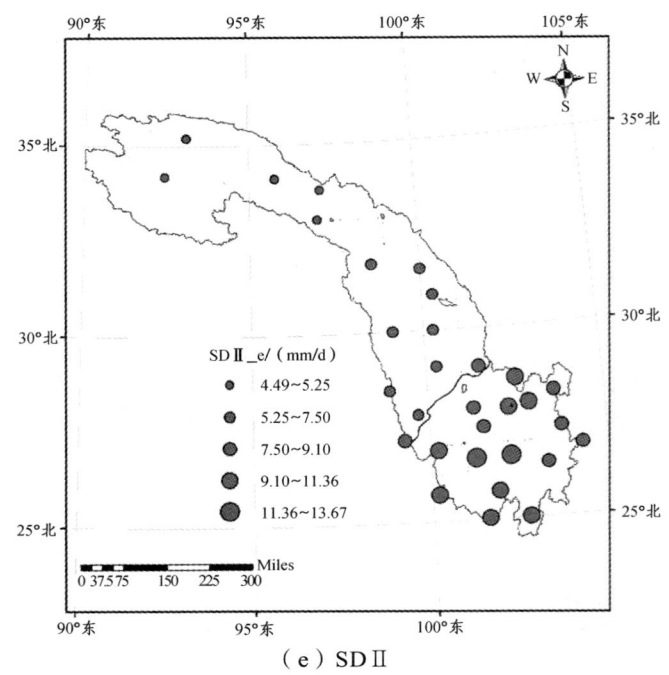

(e) SDⅡ

图 4-1　降水量指数空间分布

结合表 4-1 可以看出，在上游子流域单日最大降水量 RX1day、连续 5 日最大降水量 RX5day 和降水强度 SDⅡ的最大值出现在维西站，均在 1994 年；极强降水量 R99p 出现在 1992 年；强降水量出现在 2002 年，最大值为 438.7 mm。在下游流域 RX1day 的最大值在昭通站，出现在 1999 年；RX5day 的最大值在会理站，出现在 1974 年；R99p 和 R95p 最大值均在西昌站且均出现在 1998 年；SDⅡ最大值在楚雄站，出现在 2003 年。流域范围内最大值出现在 2000 年以前的站点数比例超过一半，各指数 RX1day、RX5day、R95p、R99p 比例分别为 77%、77%、58%、58%，强降水量指数 SDⅡ最大值出现在 2000 年前、后的比例各占一半，说明流域极端降水量极值多出现在 2000 年以前。

2. 极端降水日指数

计算研究期内各气象站点的极端降水日指数多年均值、极大值和极大值所在年份（见表 4-2），多年均值空间分布如图 4-2 所示。

表 4-2　各气象站点极端降水日指数多年均值及极大值

序号	站名	CDD (y)			CWD (y)		
		多年均值/d	极大值/d	极大值发生年份	多年均值/d	极大值/d	极大值发生年份
1	伍道梁	125	244	1985	7	12	1976/1983
2	托托河	124	244	1985	7	12	1976/1983
3	曲麻莱	79	174	1965	8	14	1975/1981/1985
4	清水河	54	106	2006	9	18	1971
5	玉树	76	160	1962	9	21	2014
6	德格	80	152	1969/1984	10	20	2009
7	甘孜	54	123	2003	10	22	1992
8	新龙	84	152	1989	11	24	2012
9	巴塘	127	201	2015	9	24	1962
10	理塘	88	167	1972	12	27	1962
11	德钦	47	115	2013	8	14	1973/1984
12	稻城	108	199	2003	11	20	1996/2012
13	九龙	71	150	2012	13	28	1988
14	迪庆（中甸）	60	135	1971	9	17	1973/2002
15	维西	51	119	2013	9	18	1967
16	木里	83	159	1963	10	20	1970
17	越西	52	132	2013	9	21	1992
18	丽江	74	145	2012	10	18	1965/1987
19	盐源	85	166	1969	8	15	1960
20	雷波	37	141	2013	7	13	1966
21	昭觉	43	91	2010	9	16	1978
22	昭通	51	119	1986	7	13	1979
23	华坪	94	196	2010	8	15	1984

续表

序号	站名	CDD（y）			CWD（y）		
		多年均值/d	极大值/d	极大值发生年份	多年均值/d	极大值/d	极大值发生年份
24	会理	66	140	1969	8	13	1974/2014
25	威宁	41	76	1994	7	12	1979/2002
26	会泽	49	95	1989/1994	7	12	1962
27	元谋	82	224	1963	6	11	1980
28	楚雄	58	145	2013	7	11	1973/1979
29	昆明	50	97	1984	8	13	1962/1966/2001
30	西昌	66	135	1999	8	16	1987
31	大理	48	102	2013	8	16	1978

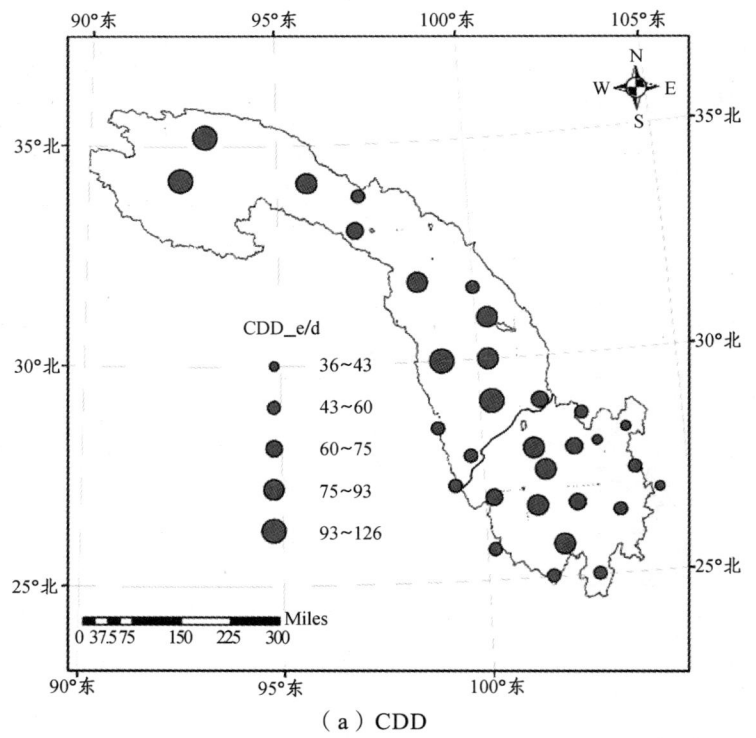

（a）CDD

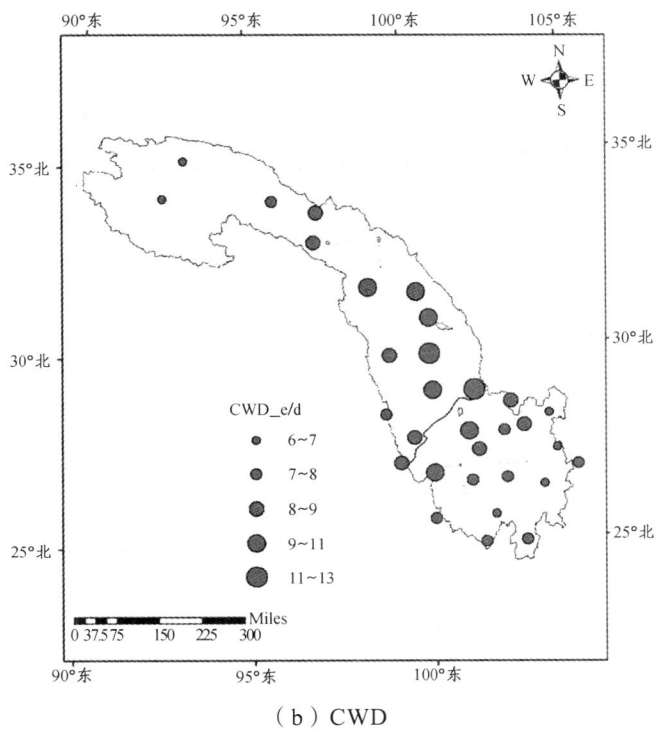

（b）CWD

图 4-2　降水日指数空间分布

由图 4-2 可以看出，日降水量连续小于 1 mm 的最大日数以及日降水量连续大于等于 1 mm 的最大日数指数出现在研究流域上游，青海省伍道梁站和托托河站日降水量小于 1 mm 的最大日数超过了 120 d，降水量较少，说明上游地区更加干燥。处于下游的四川省的雷波站，连续小于 1 mm 降水天数为 37 d。两者对比看来，整个流域上下游持续湿期、持续干期差别较大，流域内干旱情况差异较大。

对于流域内大于等于 1 mm 降水日指数，上下游之间分段的趋势并不明显，最小值出现在了下游云南省的元谋站。

结合表 4-2 可以看出，上游子流域 CDD 最大值出现在伍道梁站和托托河站，均出现在 1985 年；CWD 最大值在九龙站，出现在 1988 年。下游子流域 CDD 最大值在元谋站，出现在 1963 年；CWD 最大值在越西站，出现在 1992 年。上、下游子流域范围内的最大值均出现在 2000 年以前，在所有站点中持续湿润日数 CWD 与持续干燥日数 CDD 最大值出现在 2000 年前后的站点比例各半，说明流域范围内干湿变化不明显。

4.1.2 流域极端降水指数均值随时间的变化

1. 极端降水量指数

从流域角度对比分析流域内平均降水量指数年际变化趋势，如图4-3所示。表4-3为流域范围内各极端降水极值指数年倾向率及95%的显著性检验。日降水量大于95%、99%分位值的总降水量指数在流域范围内表现出较其他指数相对明显的增加趋势，年倾向率分别为5.85 mm/10a、2.97 mm/10a。其中，大于99%分位值的总降水量趋势最为明显，说明研究期流域范围内极端降水量随时间增加。1日最大降水量上升趋势不明显。除5日最大降水量趋势未通过显著性检验外，其余极端指数均通过95%显著性检验。

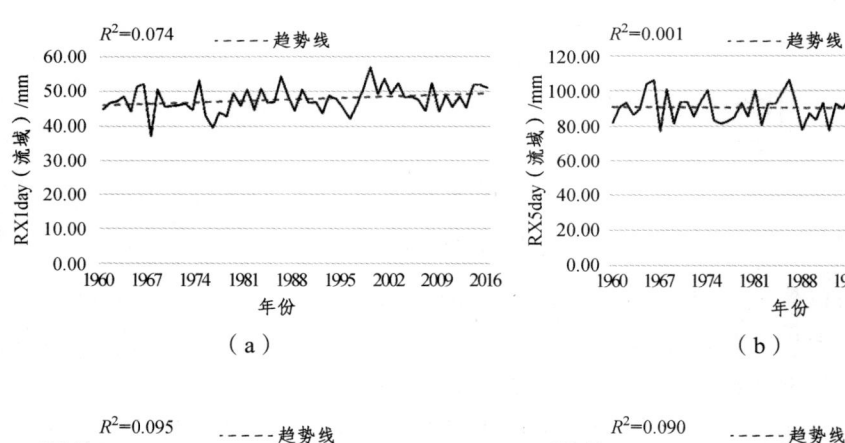
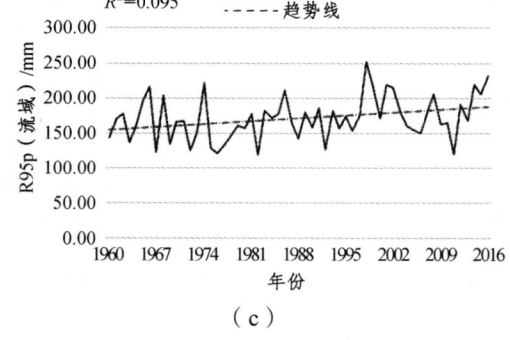
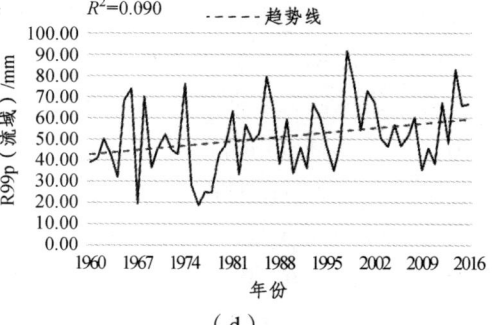

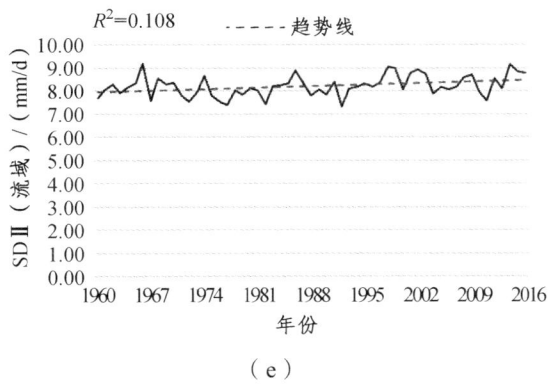

(e)

图 4-3 流域降水量指数变化趋势

表 4-3 流域极端降水极值指数年倾向率

名称	RX1day	RX5day	R95p	R99p	SDⅡ
年际倾向率/(mm/10a)	0.61	-0.13	5.85	2.97	0.09
95%显著性水平	1	0	1	1	1

2. 极端降水日指数

流域内持续干燥日数随时间变化的幅度不大（见图 4-4），上升、下降趋势不明显。持续湿润日数在流域范围呈现减少趋势，年倾向率为-1.42 d/10a。表 4-4 为流域范围内各极端降水日指数年倾向率及 95%的显著性检验。持续干燥日数未通过 95%显著性检验。

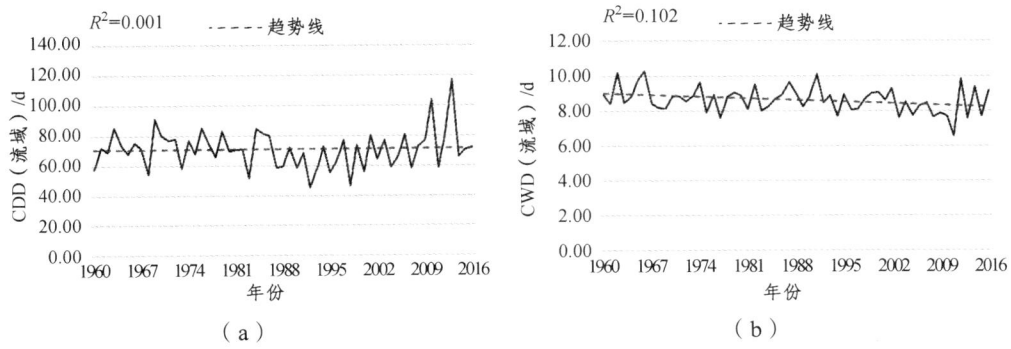

(a)　　　　　　　　　　　　　(b)

图 4-4 流域降水日指数变化趋势

表 4-4　流域极端降水日指数年倾向率

名称	CDD	CWD
年际倾向率/(d/10a)	0.19	-1.42
95%显著性水平	0	1

4.2　极端降水指数的变化周期分析

在 1960—2016 年的 57 年内,研究流域内极端降水量指数变化也具有周期规律,一般来说其周期规律不是单一的,存在多尺度的周期[89]。小波分析则是当前研究多尺度周期问题的有效手段。

1. 降水量指数

流域平均下极端降水量指数的小波分析如图 4-5 所示。由图可见,在 57 年变化过程中,RX1day [见图 4-5(a)] 存在 2.5 年、3 年、3.5 年的周期。RX5day [见图 4-5(b)] 存在 2.5 年、4 年左右的周期,强降水量指数 R95p [见图 4-5(c)] 存在 2.5 年、3 年左右的周期,极端降水量指数 R99p [见图 4-5(d)] 存在 2.5 年、3.5 年左右的周期,降水强度指数 SDⅡ [见图 4-5(e)] 存在 2.5 年左右的周期,降水极值指数存在 2.5 年左右的主周期。

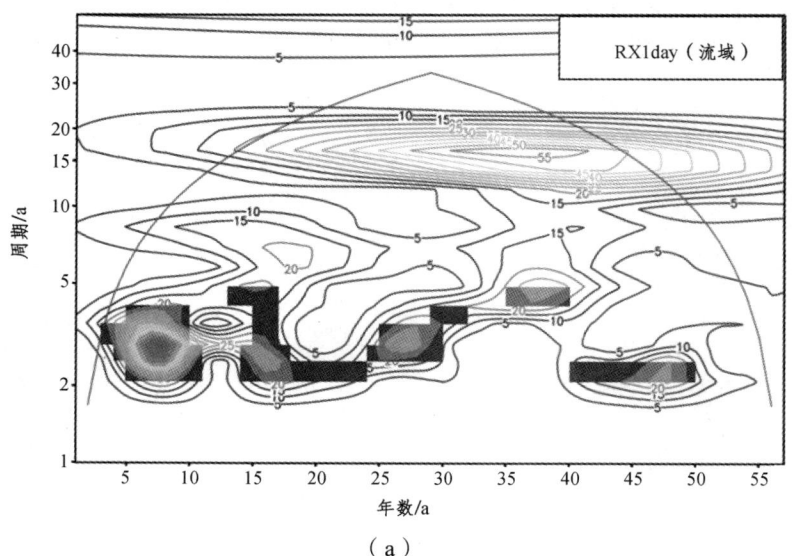

(a)

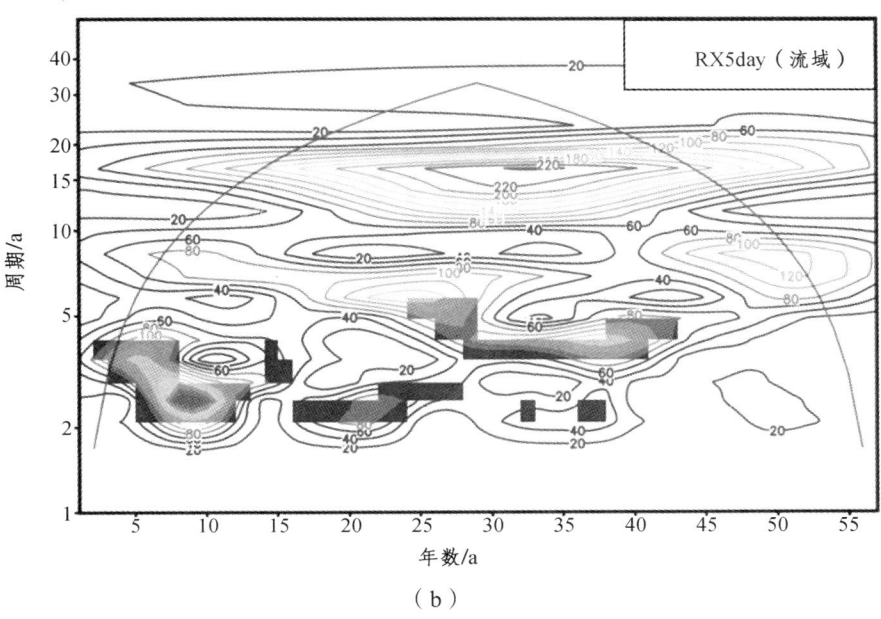

(b)

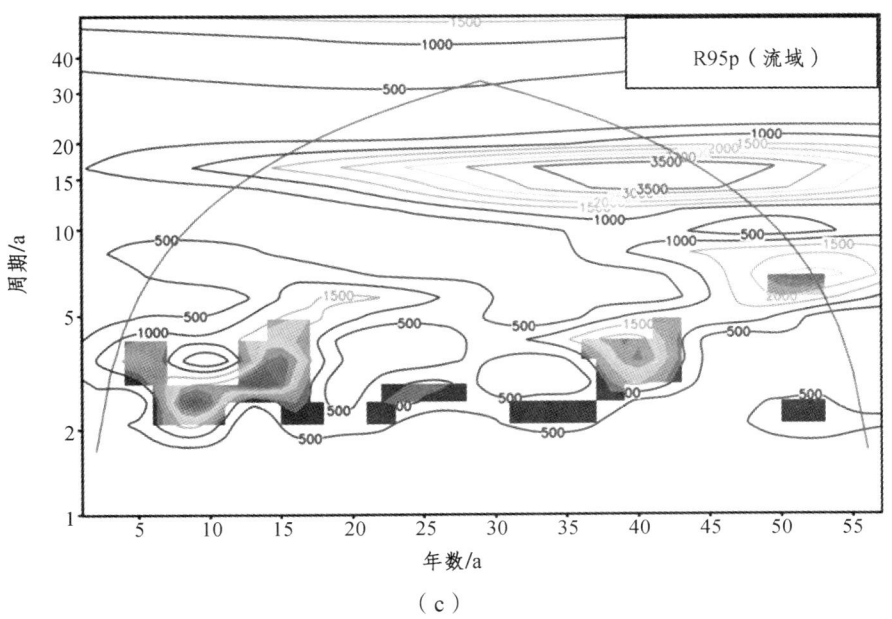

(c)

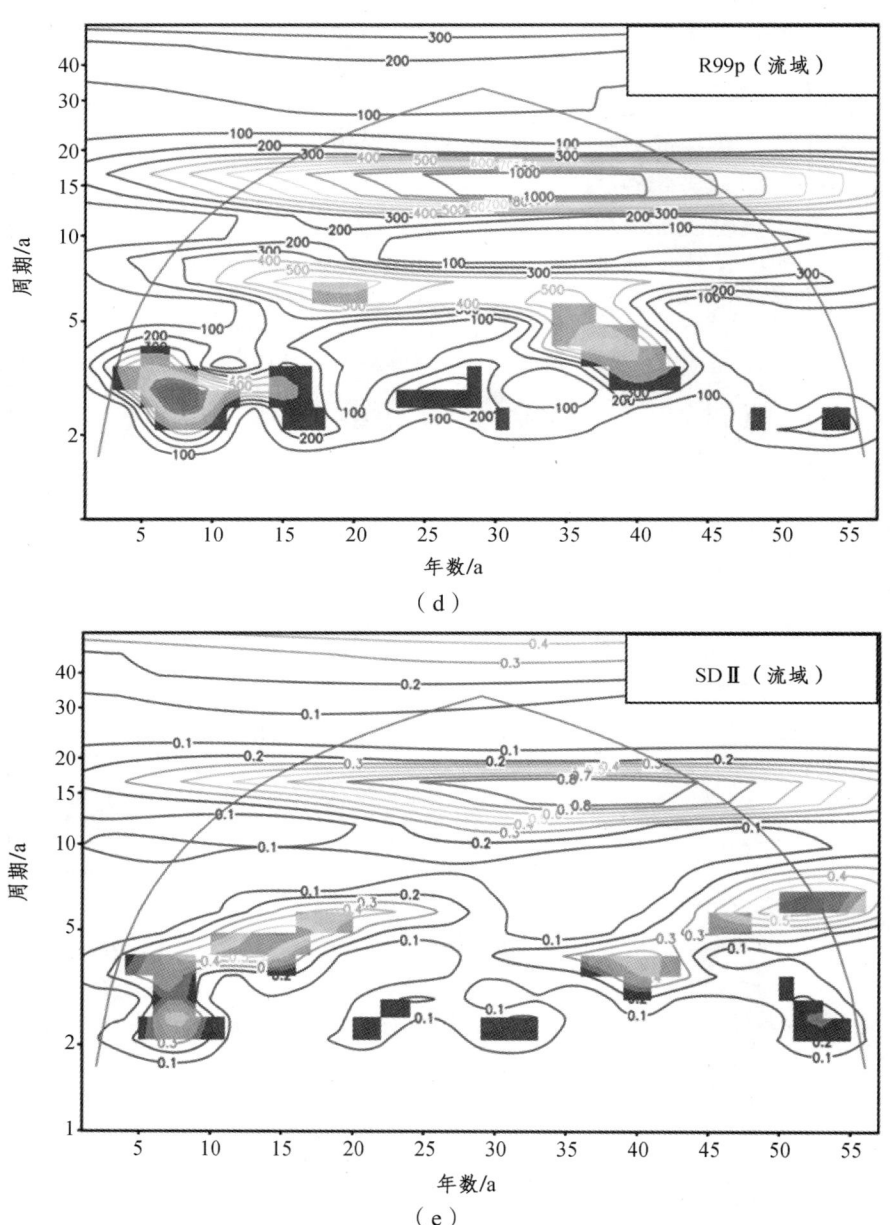

图 4-5 研究期 57 年间流域平均极端降水量指数周期分析

注：图 4-5 为小波能量谱，锥形曲线表示边界，边界以外的区域表示边缘效应较大，填充部分表示通过了 95% 的显著性检验，下同。

2. 降水日指数

流域平均下极端降水日指数的小波分析如图 4-6 所示。由图可见，在 57 年变化过程中，持续干期 [见图 4-6（a）] 存在 2 年、2.5 年左右的周期，持续湿期 [见图 4-6（b）] 存在 2.5 年、4 年的周期，极端降水日指数也同样存在一个 2.5 年左右的主周期。

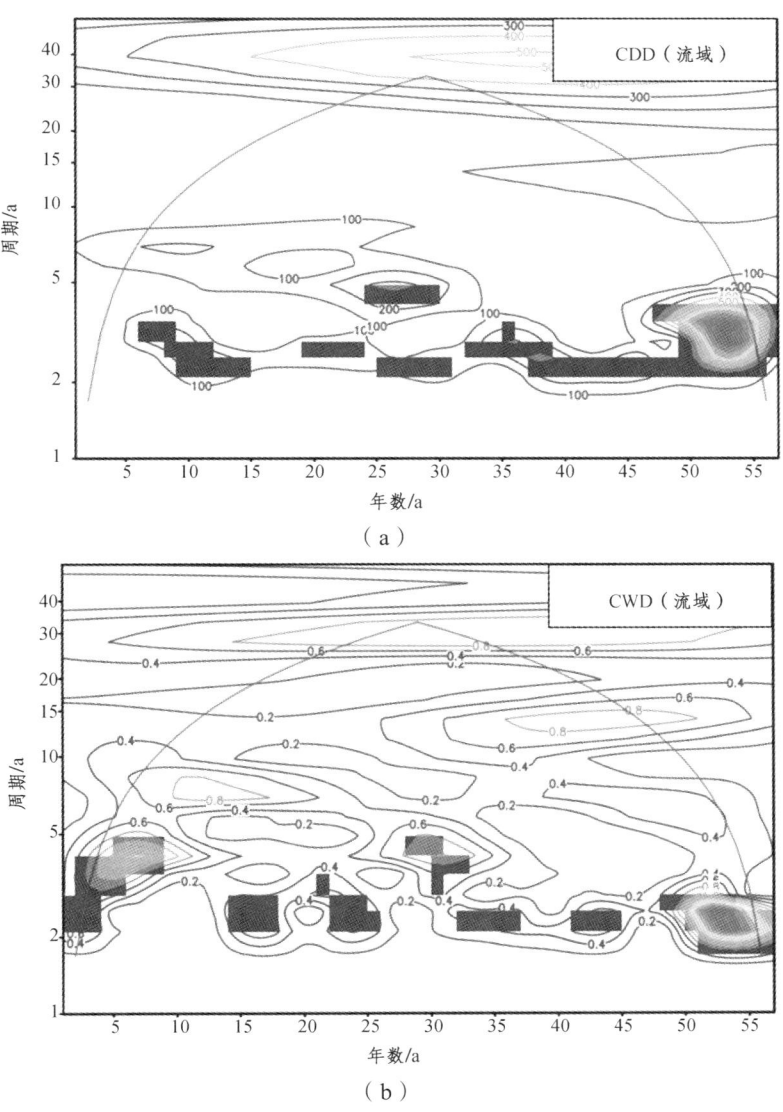

图 4-6　研究期 57 年间流域平均极端降水日指数周期分析

4.3 极端降水指数的突变分析

1. 降水量指数

图 4-7（a）、（c）、（e）、（g）、（i）为流域平均极端降水极值指数的 M-K 突变检验结果，图 4-7（b）、（d）、（f）、（h）、（j）为各指数多年平均值。从图中可以看出，单日最大降水量［见图 4-7（a）］、5 日最大降水量［见图 4-7（c）］及降水强度［见图 4-7（i）］UF 和 UB 曲线绝大部分都在临界值界限以内，具有多个交点，结合各指数值对应的多年平均值图［见图 4-7（b）、（d）、（j）］表明这些指数的时间序列无明显的突变点，曲线趋势变化不大。强降水量［见图 4-7（e）］指数的 M-K 图显示，在第 35 点（1995 年）左右出现了一个突变点，以 1995 年为分界，该年之前的指数平均值小于该年之后的指数平均值，证明在 1995 年左右强降水量出现了由少到多的变化。极端降水量在 1989 年左右出现了由少到多的变化。

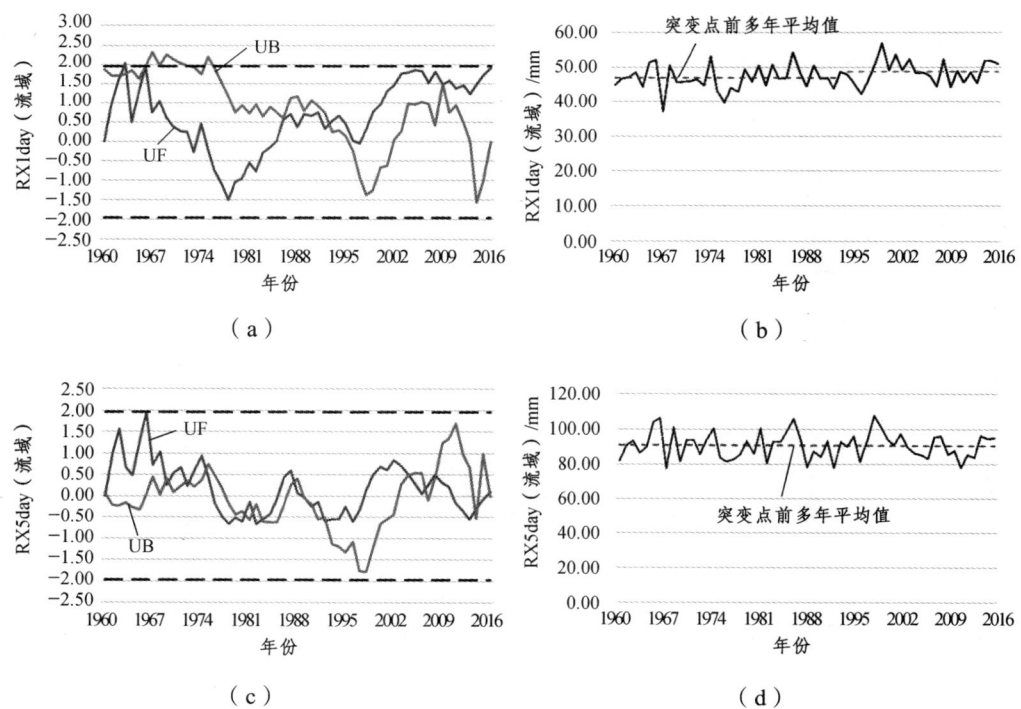

（a）

（b）

（c）

（d）

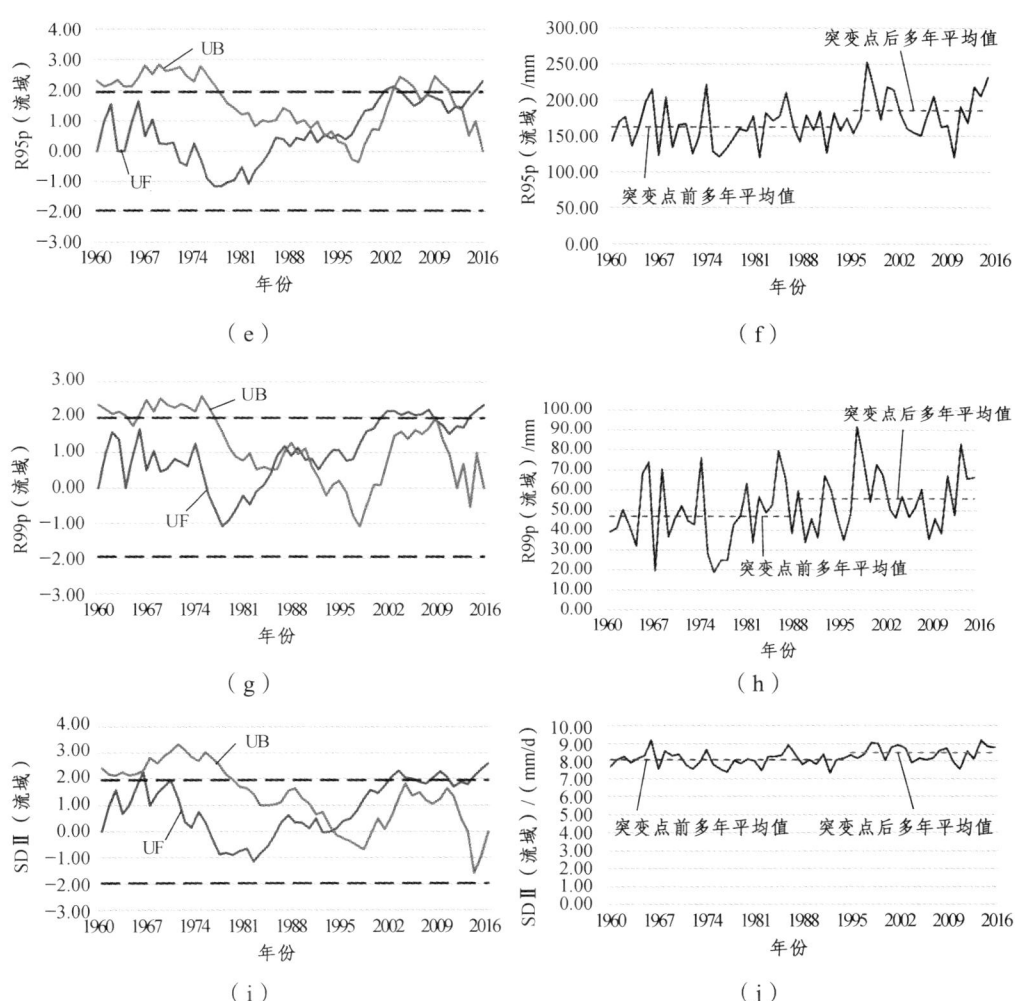

图 4-7 1960—2016 年流域平均极端降水量指数的 M-K 突变检验

2. 降水日指数。

图 4-8（a）为流域平均的降水日指数持续干期 CDD 的 M-K 检验结果图，结合趋势线可以看出，持续干期趋势变化不明显。图 4-8（c）为流域平均的降水日指数持续湿期 CWD 的 M-K 检验结果，可以看出临界值范围内 UF 和 UB 曲线有 1 个交点位于第 44 年（2003 年）左右，出现了由多到少的突变。

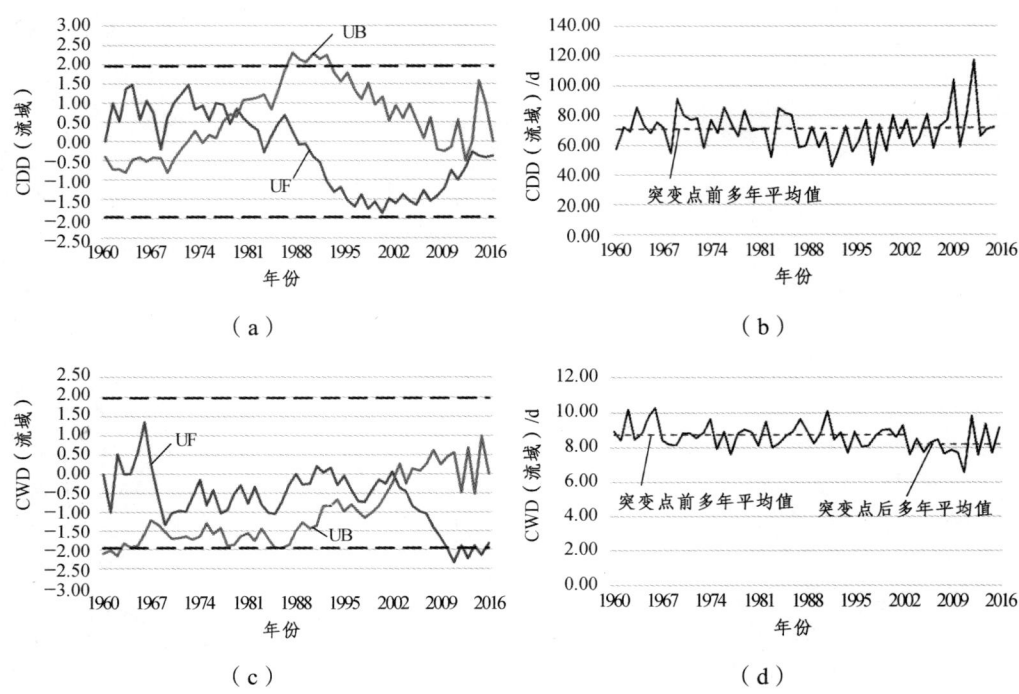

图 4-8　1960—2016 年流域平均极端降水日指数的 M-K 突变检验

【第 5 章】>>>>
流域极端气温特征与趋势

5.1 极端气温指数的时空变化

5.1.1 站点极端气温指数的空间分布

1. 极端气温极值指数

计算研究期内各气象站点的极端气温极值指数(见表 5-1),其空间分布图见图 5-1。

从图 5-1 站点极端气温极值指数空间趋势可以看出:整个流域范围内每月最高气温的最大值都在 0 ℃ 以上,其中最低温度出现在青海省的伍道梁站和曲麻莱站,为 18.9 ℃,最高气温出现在云南省的元谋站,为 38.58 ℃。

每月内最低气温的最大值出现在云南省的元谋站,为 26.44 ℃,说明元谋站所在区域极端高温值较高。每月最低气温的极大值的最小值出现在上游伍道梁和托托河站,分别为 5.39 ℃ 和 6.65 ℃。

最高气温的最小值在上游和下游出现了明显的差异。上游大部分站点为负值,其中最上游的伍道梁站、托托河站、曲麻莱站和清水河站表现出了较低的温度,伍道梁站出现最低值为-15.45 ℃。

最低气温的最小值(极端低温)基本都在 0 ℃ 以下,只有华坪站和元谋站在 0 ℃ 以上,分别只有 1.16 ℃、1.99 ℃。

结合表 5-1 可以看出,在上游子流域日最高气温的极大值 TXx 最大值为 2006 年的 37.9 ℃,出现在巴塘站;日最低气温的极大值 TNx 为 24.9 ℃,分别在 1961 年和 2016 年的曲麻莱站出现两次;日最高气温的极小值 TXn 的最小值为清水河站的-27.3 ℃,出现在 2015 年;日最低气温的极小值 TNn 的最小值为伍道梁站的-37.7 ℃,出现在 1989 年。下游子流域中 TXx 最大值为 2014 年元谋站的 42.4 ℃,TNx 最大值为 1983 年华坪站的 28.7 ℃,TXn 最小值为 1975 年威宁站的-9.3 ℃,TNn 的最小值为 1977 年昭觉站的-20.6 ℃。极端气温极值指数的最大值、最小值均出现在 2000 年以前。

表 5-1 研究期内各站点极端气温极值指数

序号	站名	TXx (y) 多年均值 /°C	TXx (y) 极大值 /°C	TXx (y) 极大值发生年份	TNx (y) 多年均值 /°C	TNx (y) 极大值 /°C	TNx (y) 极大值发生年份	TXn (y) 多年均值 /°C	TXn (y) 极小值 /°C	TXn (y) 极小值发生年份	TNn (y) 多年均值 /°C	TNn (y) 极小值 /°C	TNn (y) 极小值发生年份
1	伍道梁	18.9	23.2	1961	5.39	7.7	2006	−15.45	−20.5	1978	−30.5	−37.7	1989
2	托托河	20.75	24.7	1988	6.65	9.6	2006	−14.64	−25	1985	−31.81	−45.2	1986
3	曲麻莱	21.64	25.5	2016	20.91	24.9	1961/2006	−12.33	−17.8	1987	−29.96	−34.8	1960
4	清水河	18.9	23	2016	6.5	8.4	2006	−15.23	−27.3	2015	−36.39	−45.9	2015
5	玉树	26.41	29.6	2006	11.53	13.5	2007	−5.2	−11.7	1995	−22.58	−29.3	2015
6	德格	29.04	32.2	1987	13.02	15.4	1972	0.52	−4.3	1982	−16.08	−20.2	1982
7	甘孜	27.64	30.5	1987	12.8	15	2013/2015	−3.45	−9.8	1982	−19.28	−28.7	1964
8	新龙	31.49	34.8	2014	13.22	14.8	1980/2014	2.41	−4.2	1977	−16.41	−19.2	1974/1982
9	巴塘	34.74	37.9	2006	18.98	21.8	2005	7.46	3.7	1982	−9.05	−12.8	1962
10	理塘	23.66	36.6	1970	9.76	11.6	2010	−3.72	−8.6	1997	−20.93	−30.6	1990
11	德钦	23.32	27.3	2006	11.48	13.3	2009/2014	−2.02	−4.7	1974	−10.65	−14.7	2008
12	稻城	24.87	27.9	1983	10.99	13	2014	−0.66	−7	1983	−19.86	−27.6	1983
13	九龙	28.63	31.7	1987	14.34	16.6	2012	3.06	−2.7	1983	−11.57	−15.6	1983
14	迪庆(中甸)	24.39	27.3	2015	12.58	14.3	2011	0.37	−2.5	1983	−18.34	−27.4	1982
15	维西	29.98	33	2015	16.83	18.3	1983/2015	4.58	1.7	1975	−5.4	−8.9	1982

续表

序号	站名	TXx 多年均值/°C	TXx 极大值/°C	TXx 发生年份	TNx 多年均值/°C	TNx 极大值/°C	TNx 发生年份	TXn 多年均值/°C	TXn 极小值/°C	TXn 发生年份	TNn 多年均值/°C	TNn 极小值/°C	TNn 发生年份
16	木里	30.91	34.2	2014	17.65	20.1	2014	6.85	1.6	1982	-5.23	-10.6	1982
17	越西	33.29	37.5	2011	20.59	21.6	1972/2016	0.99	-2.9	2008	-5.46	-15.2	2008
18	丽江	29.05	32.3	1977	17.78	20.1	2015	6.74	0.3	1983	-5.33	-10.3	1983
19	盐源	28.88	32.5	1977	17.26	19	1977	5.22	-2.7	1983	-5.86	-11.3	1982
20	雷波	32.96	36.6	1968	22.2	24.2	2015	-0.99	-5	1977	-4.21	-8.9	1975
21	昭觉	30.6	33.1	1991	18.6	19.7	1980/1998	-2.71	-7.3	1975	-8.05	-20.6	1977
22	昭通	31.18	33.5	1963/2014	19.1	21	1981/1993	-2.17	-6.9	1975	-7.18	-13.3	1968
23	华坪	38.26	41.8	1983	24.73	28.7	1983	11.43	4.4	1983	1.16	-2.1	1973
24	会理	31.65	34.7	1969/2014	20.72	22.5	1969	6.69	1.7	1975	-3.28	-5.8	1974
25	威宁	28.32	31.8	2014	17.47	19.1	2007	-3.82	-9.3	1975	-8.61	-15.3	1977
26	会泽	29.18	33.3	2014	18.35	20.4	2012	-0.92	-6.6	1975	-6.72	-17	1999
27	元谋	38.58	42.4	2014	26.44	28.6	2010	12.23	6.3	1983	1.99	-1.3	1999
28	楚雄	31.16	34.2	2014	20.37	22.7	2014	6.6	-0.1	2016	-2.03	-4.8	1982
29	昆明	29.64	32.8	2014	19.44	20.6	2004/2015	4.22	-2.3	1975	-2.07	-7.8	1983
30	西昌	34.55	39.7	2014	23.71	26.1	2005	5.35	0	1971	-1.16	-3.8	1977
31	大理	29.82	32.3	2015	18.85	19.8	2015/2016	8.58	2.5	1975	-1.76	-4.3	2013

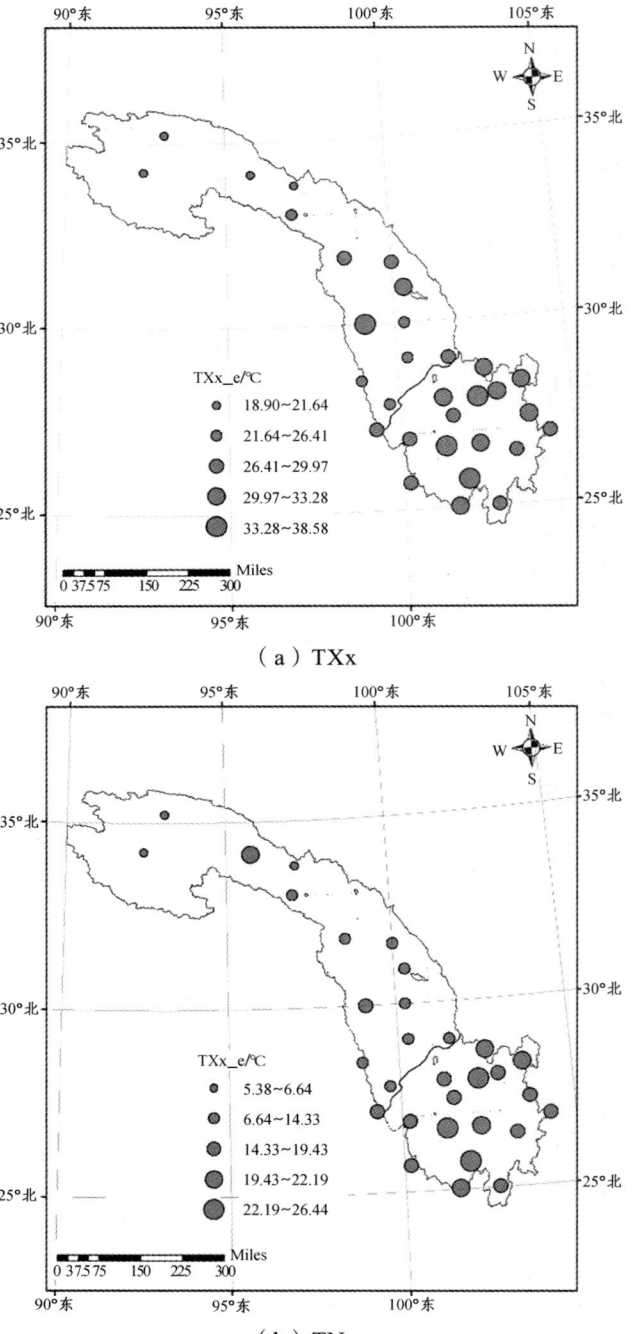

(a) TXx

(b) TNx

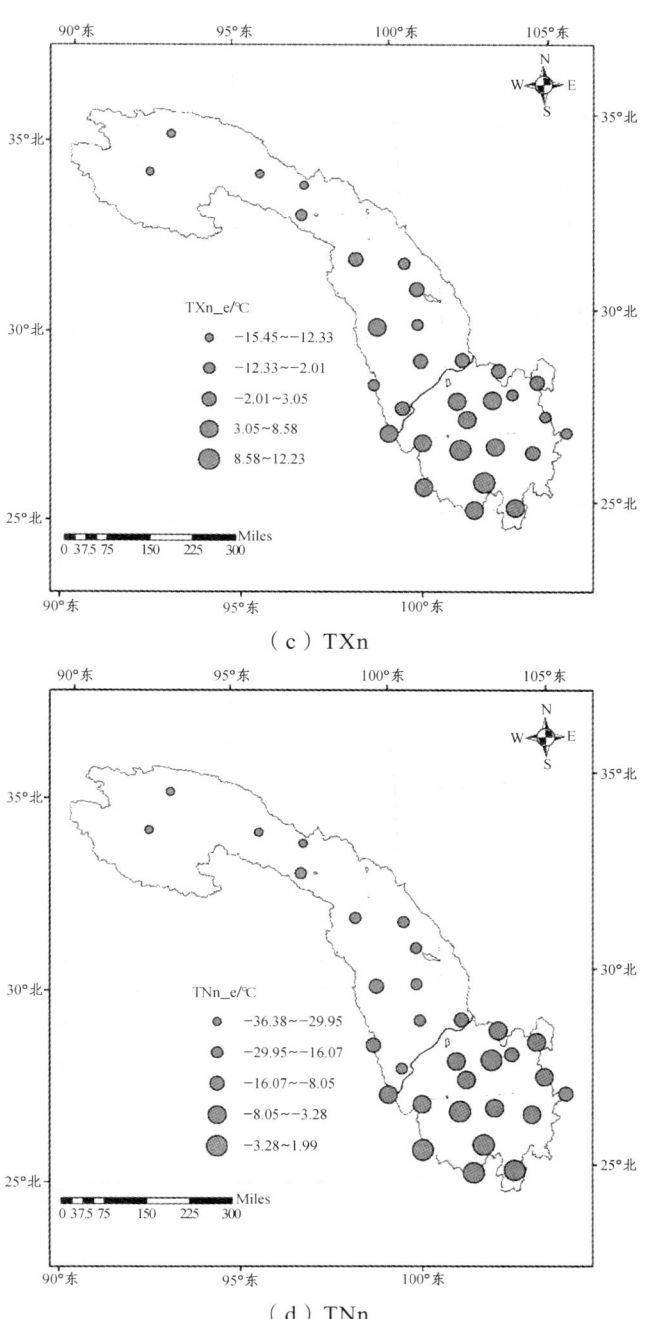

(c) TXn

(d) TNn

图 5-1 极端气温极值指数空间分布

在全流域范围内极端气温极大值指数 TXx、TNx 的最大值出现在 2000 年以后的站点数占总站点数的比例分别为 65%、81%；极端气温极小值指数 TXn、TNn 最小值出现在 2000 年以后的站点数占总站点数的比例分别为 13%、38%。在所有气象站点中，极端气温指数最大值出现在 2000 年以后的站点所占比例较大，极端气温指数最小值出现在 2000 年以后的站点所占比例较小，说明 2000 年后整个流域范围内的气温有整体升高的趋势。

2. 极端气温日指数

计算研究期内各气象站点的极端气温日指数（见表 5-2），其空间分布图见图 5-2。

从图 5-2 站点极端气温日指数空间趋势可以看出：日最低气温小于 0 ℃ 的霜冻日数 FD0 出现了从上游流域向下游流域明显下降的趋势，其最大值出现在伍道梁站，达到了 318 d。上游区域较高纬度的伍道梁站、托托河站、曲麻莱站和清水河站霜冻日数 FD0 全部超过了 270 d。华坪站和元谋站未出现日最低气温小于 0 ℃ 的日数，即 FD0=0。

在整个流域范围的站点中，日最高气温小于 0 ℃ 的结冰日数 ID0 都较少，出现最多日数的仍然在流域上游高纬度的伍道梁站、托托河站、曲麻莱站和清水河站，都在 95 d 以上。

热日持续指数 WSDI 最大的站点为四川省境内的木里站，大约在 34 d。冷日持续指数 CSDI 最大的站点为四川省的甘孜站，大约在 7 d。

结合表 5-2 可以看出，在上游子流域，霜冻日数 FD0 最大值出现在 1976 年和 1984 年的伍道梁站，为 343 d；冰冻日数 ID0 的最大值同样出现在伍道梁站，在 1967 年，有 177 d；热持续日数 WSDI 出现在 2009 年的德钦站；冷持续指数 CSDI 最大值出现在 2006 年的甘孜站。在下游子流域，FD0、ID0、WSDI、CSDI 的最大值分别出现在 1963 年的木里站、1963 年的盐源站、2009 年和 1961 年的木里站。在全流域范围内，霜冻日数 FD0、冰冻日数 ID0、冷持续指数 CSDI 最大值出现在 2000 后的站点分别只有 0 个、3 个和 3 个，而热持续日数 WSDI 最大值出现在 2000 年后的站点数有 26 个，极端气温日指数的该种表现说明整个流域范围内的气温有整体升高的趋势。

表 5-2 各站点极端气温日指数

序号	站名	FD0 (y) 多年均值/d	FD0 (y) 极大值/d	FD0 (y) 极大值发生年份	ID0 (y) 多年均值/d	ID0 (y) 极大值/d	ID0 (y) 极大值发生年份	WSDI (y) 多年均值/d	WSDI (y) 极大值/d	WSDI (y) 极大值发生年份	CSDI (y) 多年均值/d	CSDI (y) 极大值/d	CSDI (y) 极大值发生年份
1	伍道梁	318	343	1976/1984	148	177	1967	6	36	2016	3	27	1985
2	托托河	292	322	1976	120	159	1967	7	34	1995/2006	4	69	1985
3	曲麻莱	273	301	1984	98	135	1985	11	60	2016	2	29	1985
4	清水河	300	324	1984	121	155	1983	11	41	2006/2016	2	17	1997
5	玉树	209	228	1984	17	44	1961	10	55	2006	1	16	1963
6	德格	167	187	1983	1	5	1978/1983	8	47	2006	1	7	1963/1966
7	甘孜	175	195	1976	6	21	1992	8	59	2006	7	59	2006
8	新龙	166	186	1967	0	2	1982	8	50	2006	0	7	1963/1978/2006
9	巴塘	92	128	1965	0	0	—	10	53	2009	1	29	1970
10	理塘	203	230	1976	10	36	1983	9	44	2006	1	8	1990
11	德钦	160	184	1971	7	26	1983	24	114	2009	3	56	1971
12	稻城	200	219	1963	2	15	1983	6	39	2009	2	33	1961
13	九龙	137	169	1967	0	1	1982/1983/1986	6	42	1999	1	9	2011
14	迪庆(中甸)	174	208	1972	1	9	1983	6	31	2009	1	26	1972

续表

序号	站名	FD0 多年均值/d	FD0 极大值/d	FD0 极大值发生年份	ID0 多年均值/d	ID0 极大值/d	ID0 极大值发生年份	WSDI 多年均值/d	WSDI 极大值/d	WSDI 极大值发生年份	CSDI 多年均值/d	CSDI 极大值/d	CSDI 极大值发生年份
15	维西	75	96	1961/1970	0	0	—	9	55	2006	2	29	1972
16	木里	59	117	1963	0	0	—	34	145	2009	1	30	1961
17	越西	39	62	1984	0	3	2008	4	30	2011	1	14	1989
18	丽江	43	69	1975	0	0	—	6	35	2014	1	9	1976
19	盐源	61	89	1963	58	89	1963	5	24	1968	1	13	1997
20	雷波	24	61	1984	4	27	1984	15	77	2011	4	20	1984
21	昭觉	70	91	1961	7	28	1984	5	41	2011	3	15	1984
22	昭通	63	91	1969	5	20	1984	6	32	1963	3	16	1970
23	华坪	0	2	1971/1974/1984	0	0	—	6	36	2009	3	25	1972
24	会理	30	51	1983	0	0	—	12	62	2014	2	15	1992
25	威宁	61	89	1967	12	30	1984	4	29	2009	2	17	1976
26	会泽	41	68	1984	2	10	1983	8	49	2009	2	15	1970
27	元谋	0	3	1982/1999	0	0	—	6	39	2014	3	26	1992
28	楚雄	16	47	1983	0	1	2016	9	61	1999	2	15	1971
29	昆明	9	36	1971	0	1	2016	17	86	2014	2	14	1971
30	西昌	3	13	1984	0	0	—	13	66	2014	1	13	1972/1992
31	大理	8	19	1969	0	0	—	11	56	1999	1	12	1970

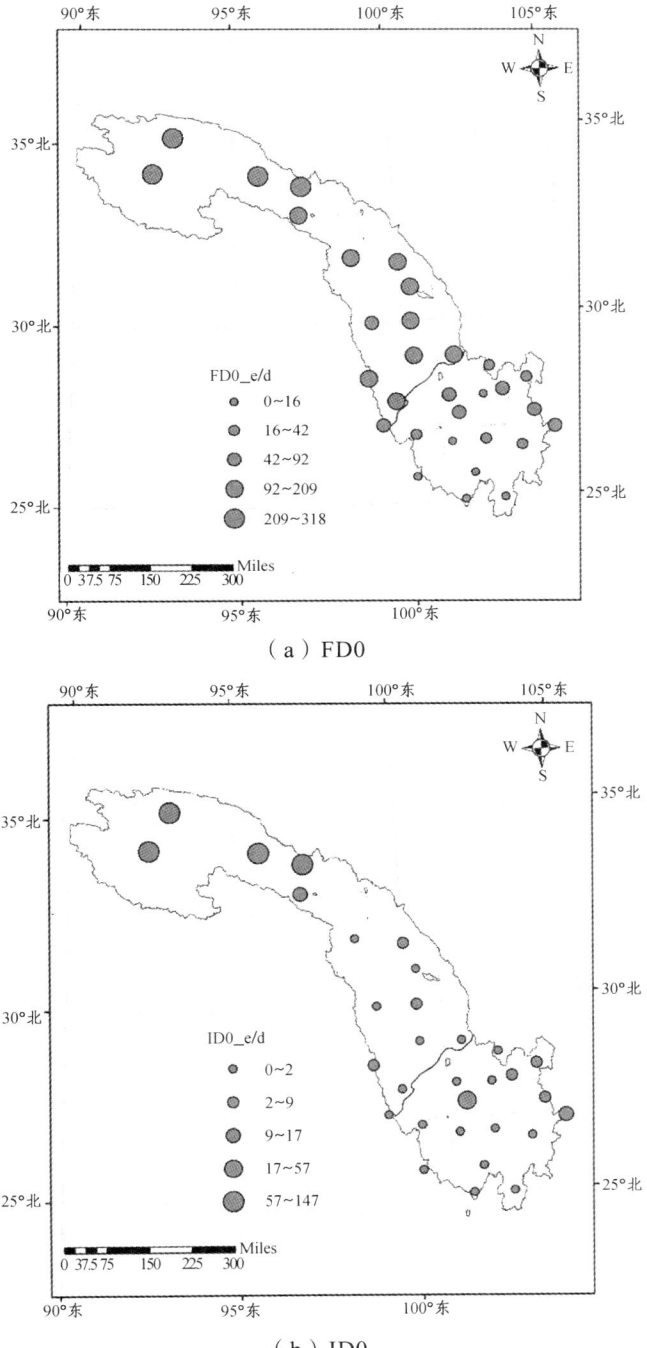

(a) FD0

(b) ID0

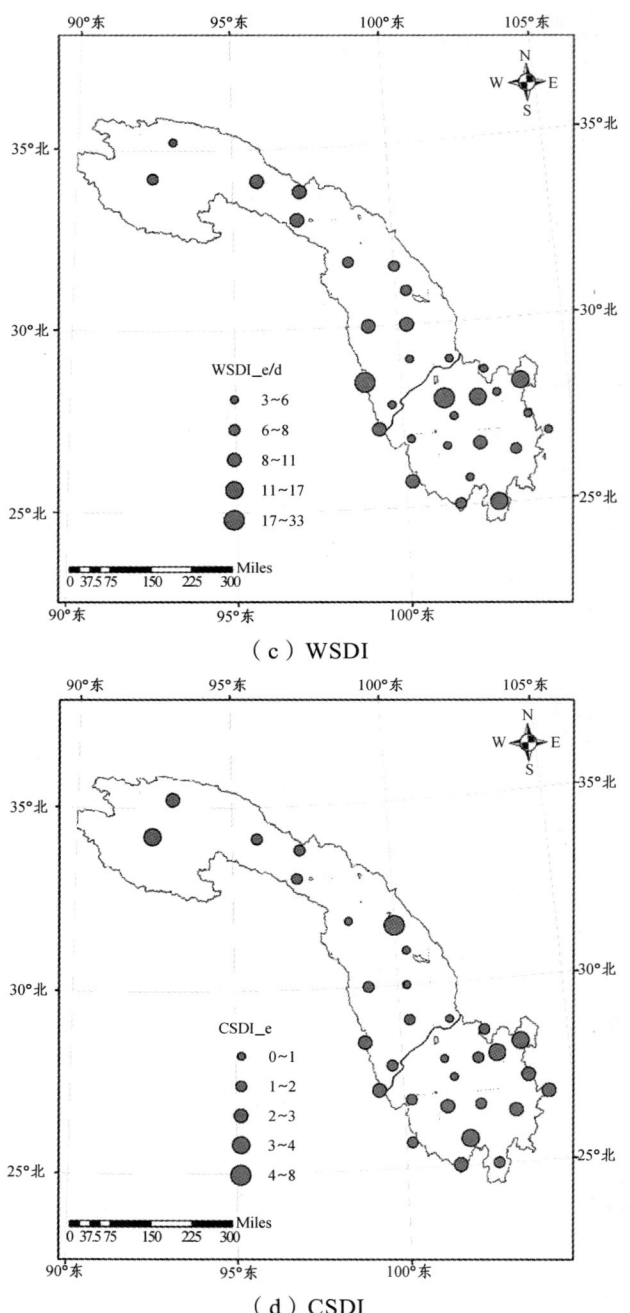

(c) WSDI

(d) CSDI

图 5-2 极端气温日指数空间分布

5.1.2 流域平均下极端气温指数随时间的变化

1. 气温极值指数

从流域角度对比分析流域内气温极值指数年际变化趋势,如图5-3所示。表5-3为流域范围内各极端气温极值指数年倾向率及95%的显著性检验。月极端最高温TXx、月最低温度极大值TNx、月最高温度最小值TXn及月极端低温TNn在流域范围内、上下子流域范围内全部表现为增加趋势。这表明57年来金沙江流域的气温总体升高,毫无疑问受到了全球气温升高的影响。年倾向率在0.14~0.37℃/10a之间,日极端低温年倾向率最大,为0.37℃/10a。趋势线均通过95%显著性检验。

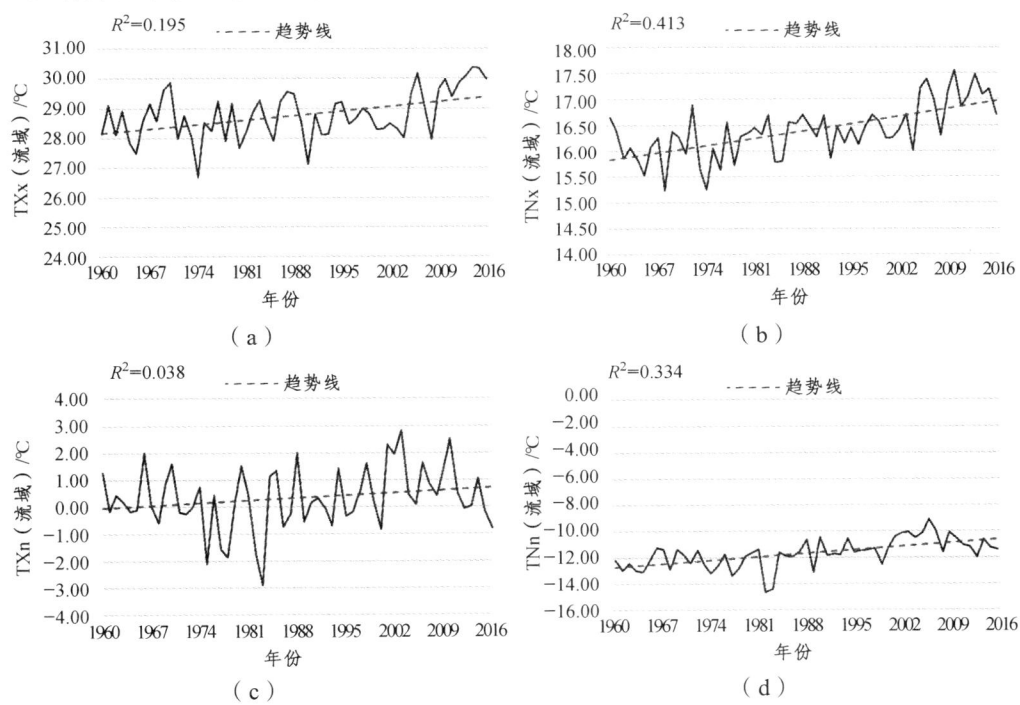

图 5-3 流域气温极值指数变化趋势

表 5-3 流域极端气温极值指数年倾向率

名称	TXx	TNx	TXn	TNn
年际倾向率/(mm/10a)	0.22	0.2	0.14	0.37
95%显著性水平	1	1	1	1

2. 气温日指数

从流域角度对比分析流域内气温日指数年际变化趋势,如图5-4所示。表5-4为流域范围内各极端气温日指数年倾向率及95%的显著性检验。流域内霜冻日数FD0、结冰日数ID0及冷日持续指数CSDI在整个流域范围内呈下降趋势,热日持续指数WSDI整体呈上升趋势。气温日指数均通过95%显著性检验。WSDI年倾向率为4.26 d/10a,CSDI年倾向率为-4.71 d/10a。热日天数的增加和冷日天数的减少,再一次证明流域内气候变暖,气温增加。

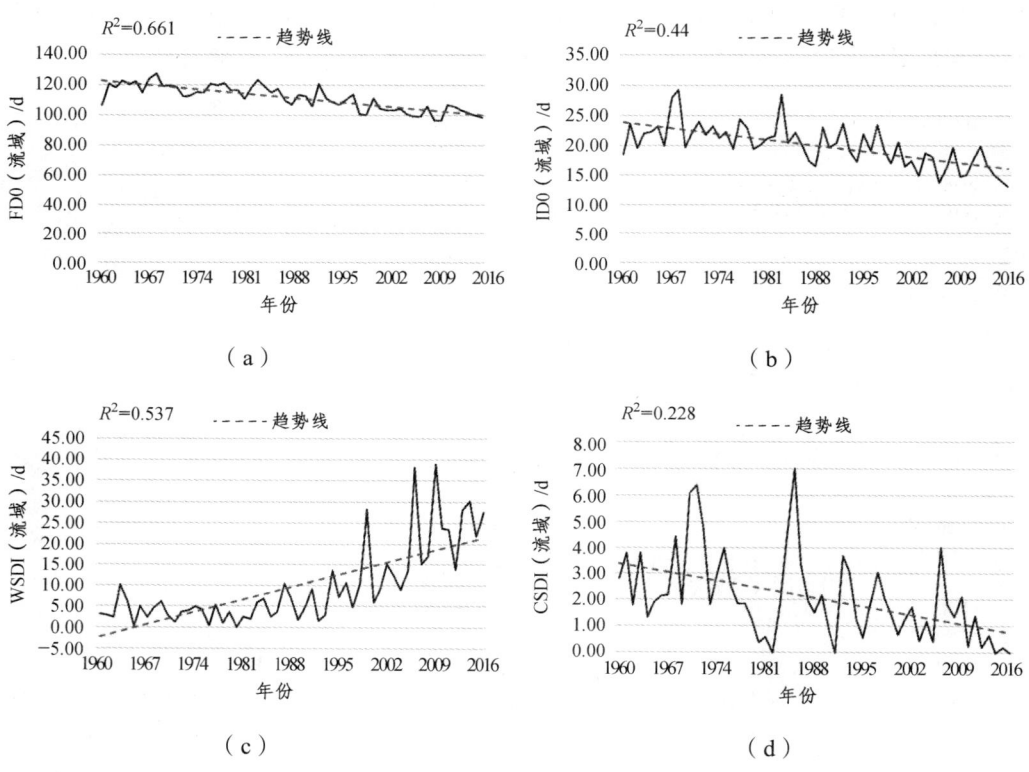

图5-4 流域气温日指数变化趋势

表5-4 流域极端气温日指数年倾向率

名称	FD0	ID0	WSDI	CSDI
年际倾向率/(d/10a)	-4.02	-1.41	4.26	-4.71
95%显著性水平	1	1	1	1

5.2 极端气温指数的变化周期分析

在 1960—2016 年的 57 年内,极端气温指数变化也具有一定的周期性,下面仍采用小波分析来研究周期规律。

1. 气温极值指数

根据 57 年流域内站点资料,采用小波分析获得极端气温极值指数的周期特征,如图 5-5 所示。由图可见,月极端最高温指数 TXx[见图 5-5(a)]存在 2.5 年、4 年、5 年左右的周期,月最低温度极大值 TNx[见图 5-5(b)]存在 2.5 年、4 年左右的周期。月最高气温极小值 TXn[见图 5-5(c)]存在 3.5 年的周期,月极端低温极小值 TNn[见图 5-5(d)]也存在 3.5 年左右的周期,气温极值指数整体表现出了 2.5 年和 3.5 年的周期规律。TXn 和 TNn 的主周期约为 3.5 年。

2. 气温日指数

极端气温日指数小波分析结果见图 5-6。从图中可以看出,结冰日数 ID0[见图 5-6(b)]、热日持续指数 WSDI[见图 5-6(c)]和冷日持续指数 CSDI[见图 5-6(d)]都存在 2.5 年和 3 年的周期。

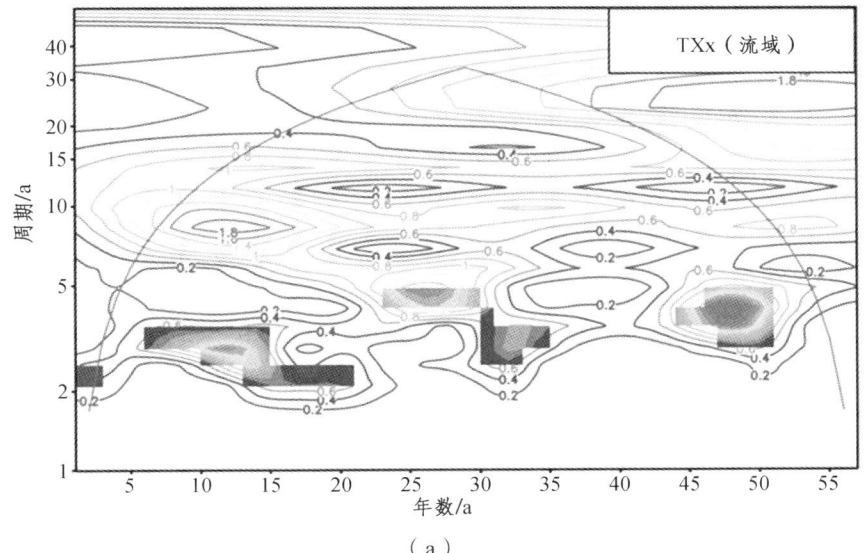

(a)

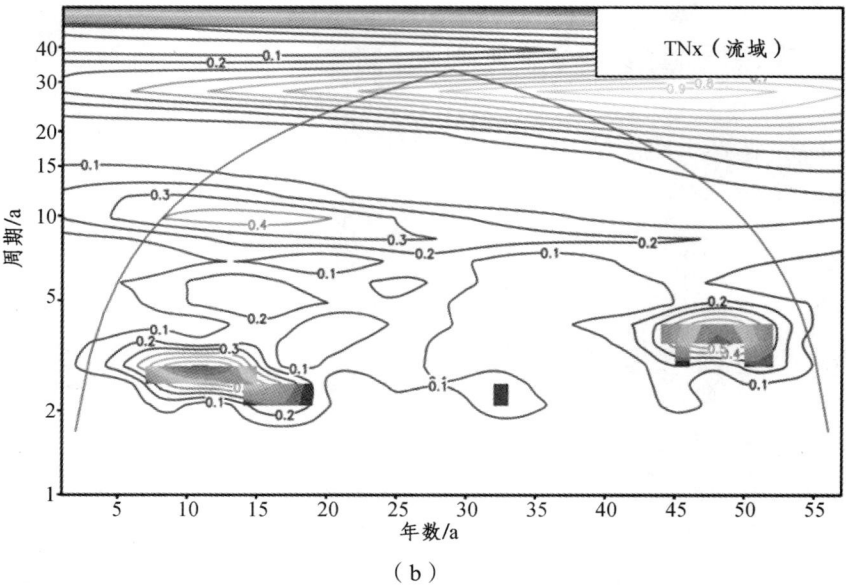

(b)

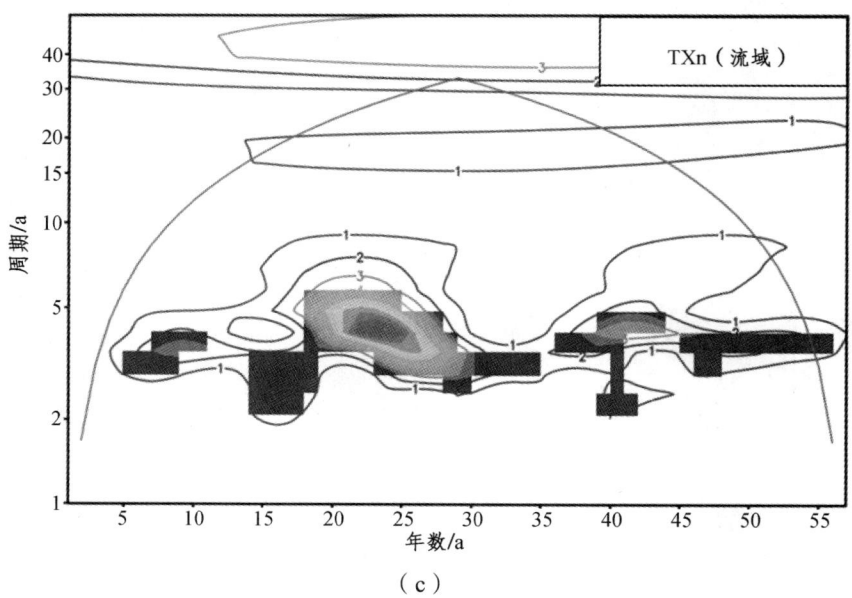

(c)

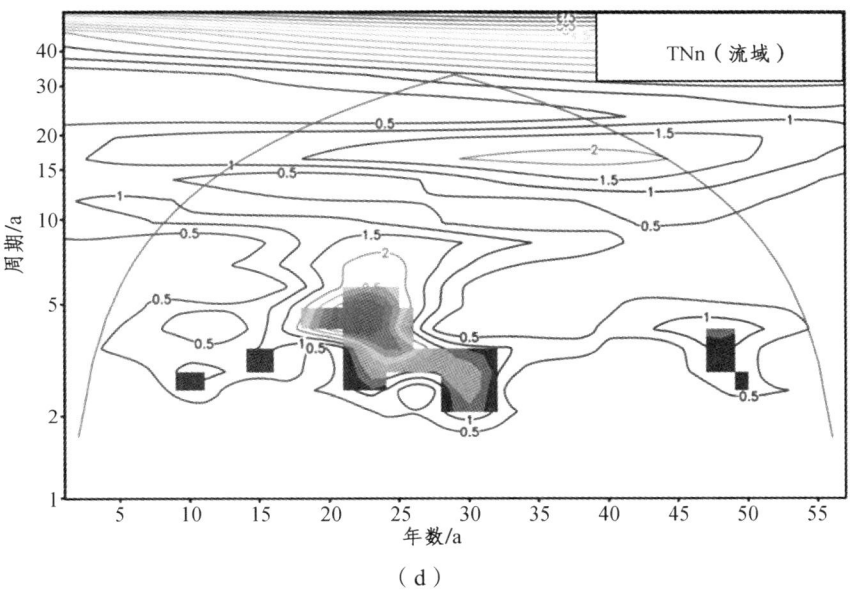

(d)

图 5-5 研究期 57 年间流域平均极端气温极值指数周期分析

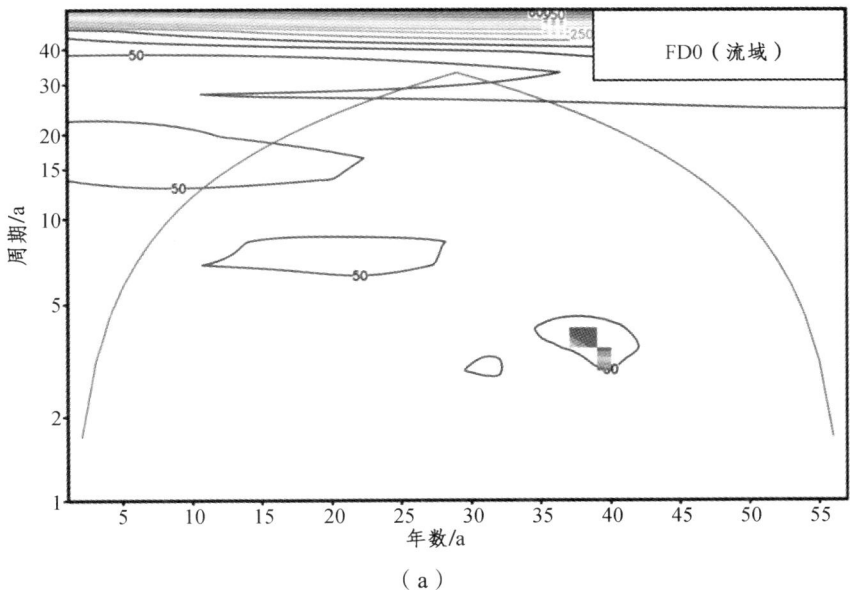

(a)

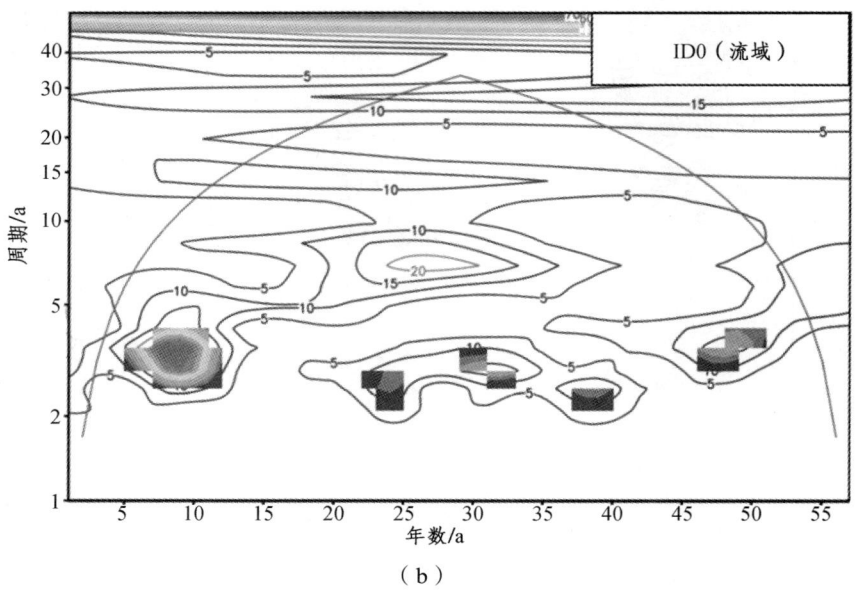

(b)

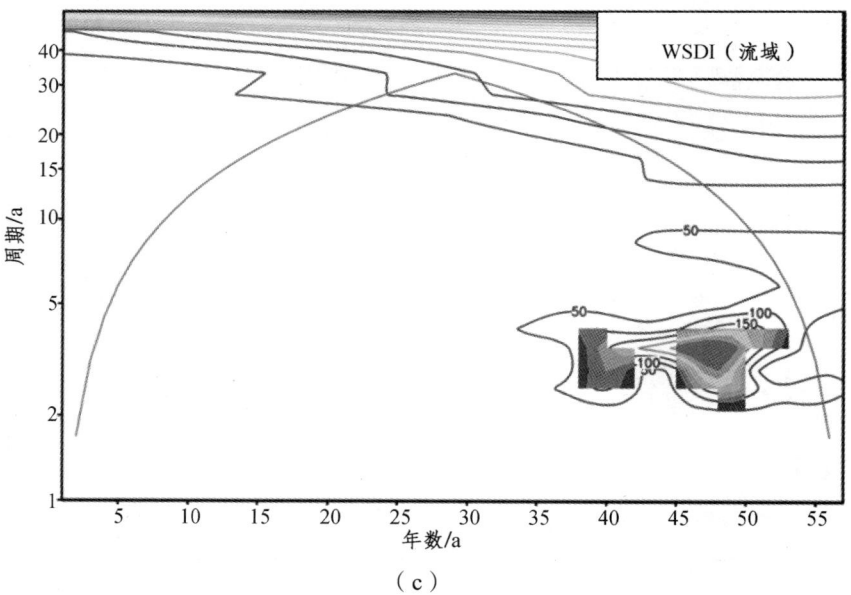

(c)

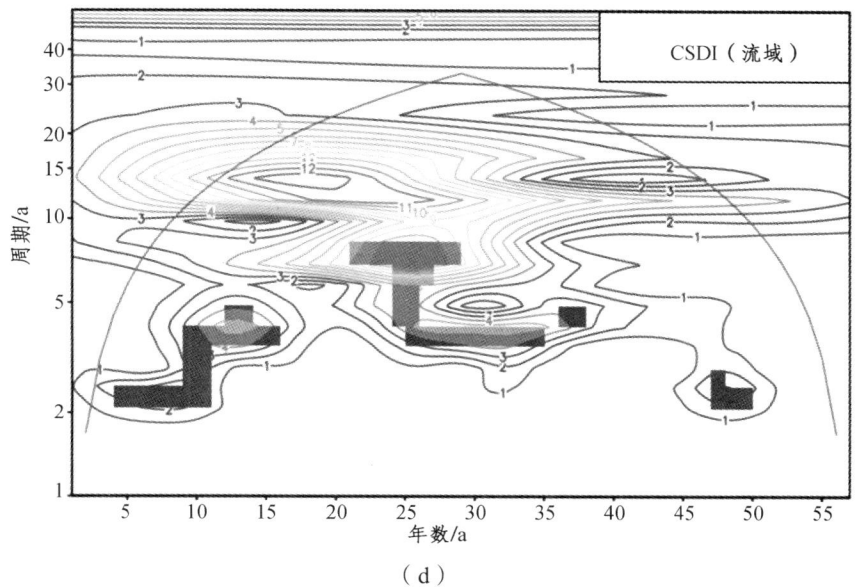

(d)

图 5-6　研究期 57 年间流域平均极端气温日指数周期分析

5.3　极端气温指数的突变分析

下面采用 M-K 检验进行极端气温指数的突变分析。

1. 气温极值指数

流域气温极值指数的 M-K 突变检验结果见图 5-7。由图可知，月极端最高温 TXx [见图 5-7（a）] 在 2011 年左右出现了突变，月最低温度极大值 TNx [见图 5-7（c）] 在 1999 左右 UB 和 UF 曲线有一个交点，但位置位于置信区间外，结合多年均值趋势线可以看出，TNx 在 1999 年左右出现了由低到高的突变。月最高气温极小值 TXn [见图 5-7（e）]、月极端低温 TNn [见图 5-7（g）] 分别在 1996 年、1993 年左右出现了突变。结合线性趋势线分析，均为由低到高的突变。

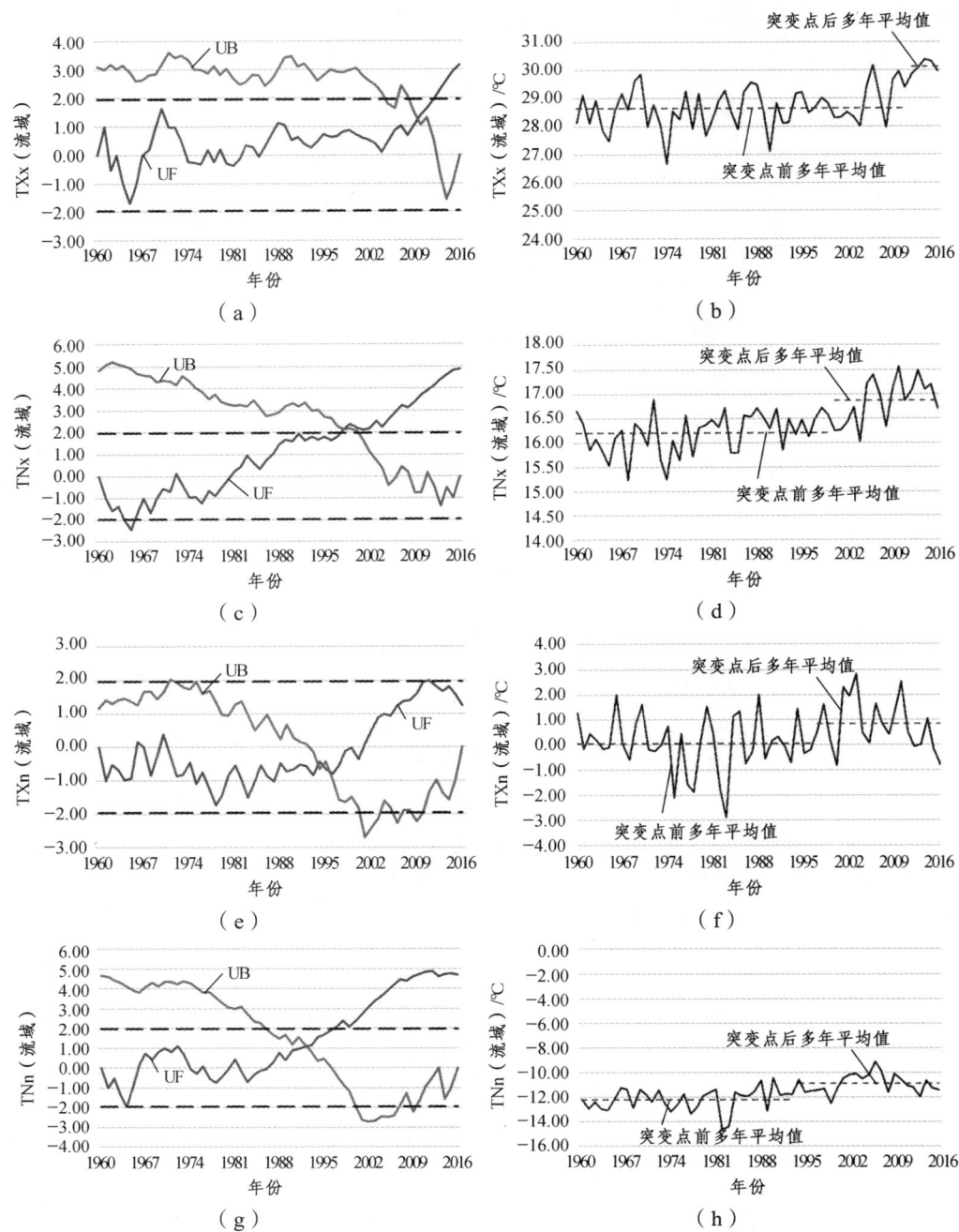

图 5-7 1960—2016 年间流域平均极端气温极值指数的 M-K 突变检验

2. 气温日指数

气温日指数的 M-K 突变检验结果见图 5-8。结合各指数的趋势线可以看出，霜冻日数 FD0 [见图 5-8（a）]、结冰日数 ID0 [见图 5-8（c）] 和冷日持续指数 CSDI [见图 5-8（g）] 分别在 1995 年、2000 年、2007 年出现 UF 曲线和 UB 曲线的交点，ID0 在 2000 年左右可能发生了由多到少的突变。FD0 和 CSDI 交点位于置信区间以外，结合多年均值趋势线可以看出，两个指数分别在 1995 年和 2007 年也同样发生了由多到少的突变。热持续指数 WSDI 在 2001 年左右出现了由少到多的突变。

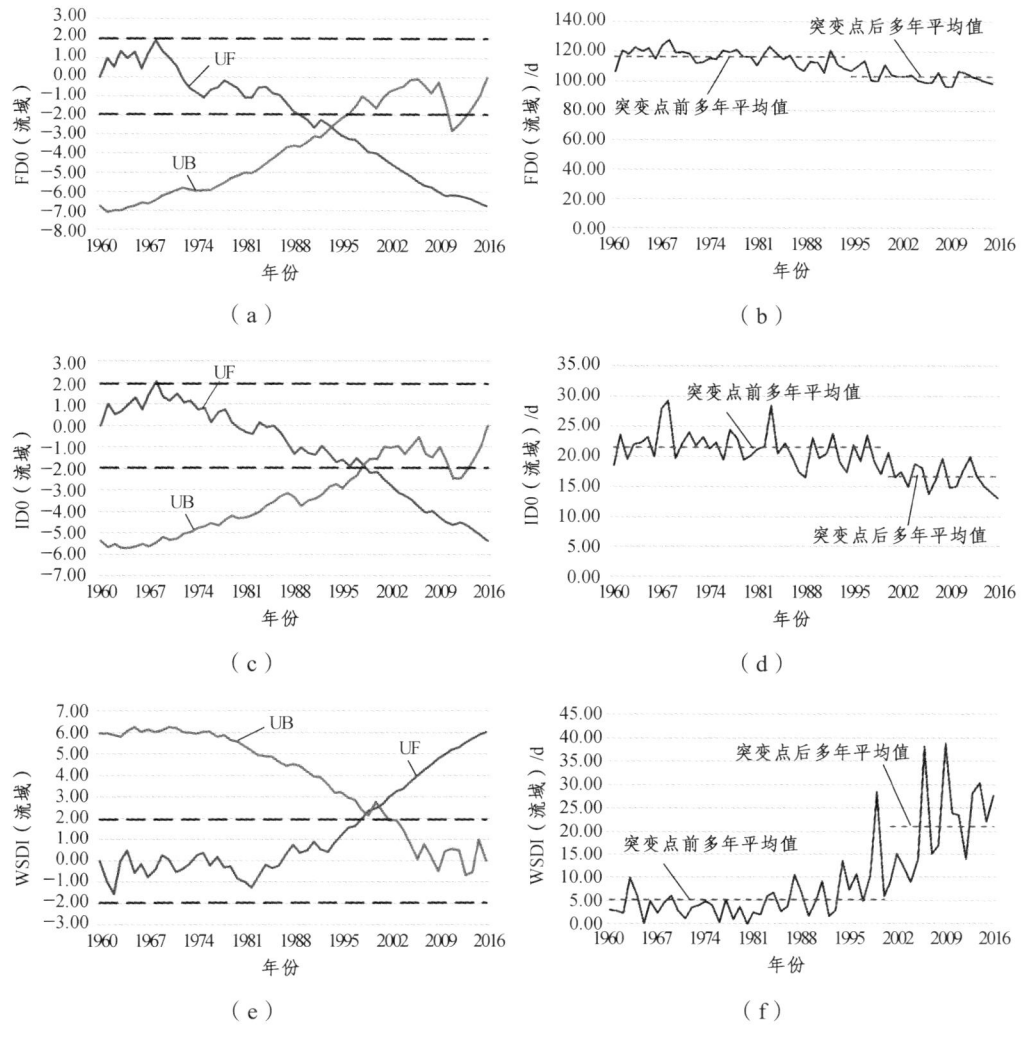

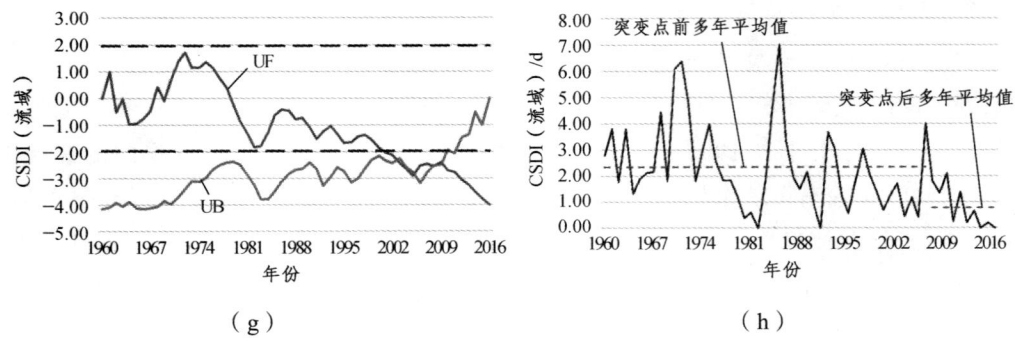

图 5-8　1960—2016 年间流域平均极端气温日指数的 M-K 突变检验

【第 6 章】>>>>
融合数据极端气候指数空间应用

前文中运用地面气象站点观测数据（以下简称观测数据）获得了金沙江流域极端降水阈值、极端高温阈值、极端低温阈值以及反映极端气候特征的极端气候指数（例如极端降水量 R99p、年极端高温 TXx 等）。虽然根据 31 个站点数据可以大致了解极端气候指数的空间分布规律，但由于 31 个站点分布在约 30 万 km^2 的大面积流域上，站点密度（平均每 1 万 km^2 仅 1 个站点）太小，因此所得的空间分布规律是相当粗略的。随着遥感、卫星及计算机技术的发展，多源融合数据成为新的数据来源。这些融合数据具有覆盖范围广，空间、时间较连续等优点，对于研究站点稀疏、无资料或少资料的大流域极端气候空间分布规律具有重要作用。为此，下面将基于融合数据深入研究金沙江流域极端气候特征及极端气候指数的空间分布规律。如前所述，基于 GPM 卫星群的 3 级融合产品 IMERG 从 2014 年 3 月开始持续发布，因此本章将选取 2014 年 11 月—2016 年 10 月的 2 个水文年间（检验期）的融合数据开展研究。

运用融合数据首先需检验融合数据的适用性。为此，本研究在尽量满足可获得气候模式极端阈值的基础上，选取金沙江流域多年地面气象站的观测降水、气温作为参考真值（受 IMERG 数据限制，本研究选取的数据时段为 2014 年 11 月—2016 年 10 月），同期融合数据集 [CMPA-H、CMADS、GPM（IMERG）、TRMM（TMPA）的降水数据，CMADS、0.5°网格的气温数据] 为待评估值，将所有融合数据进行处理，统一空间分辨率为 0.25°、时间分辨率为日，分别计算流域范围内的极端气候指数并进行对比，分析评估融合数据的适用性。

6.1 融合数据极端气候指数空间评价分析

下面基于观测数据计算流域内各气象站点在检验期（2014 年 11 月—2016 年 10

月）内极端气候指数，从基于 0.25°空间分辨率的降水、气温融合数据中提取与研究流域内 31 个地面气象观测站点经纬度相对应的网格降水量和气温值，据此计算检验期内对应站点网格的极端气候指数。

6.1.1 极端气候年内阈值空间分布对比分析

对于 31 个地面气象观测站，基于地面观测数据与其对应网格融合数据计算的极端降水阈值和极端气温 90%分位年内阈值的空间分布如图 6-1～6-3 所示。极端降水年内阈值空间分布图中每个气象站点处有并列的 5 个柱状图，其分别代表基于地面气象站点观测数据和基于 CMPA-H、CMADS、GPM（IMERG）、TRMM（TMPA）网格的网格融合数据集计算的极端气候指数。极端气温（高温、低温）年内阈值每个气象站点处有并列的 3 个柱状图，其分别代表基于地面气象站点观测数据和基于 0.5°网格气温、CMADS 的网格融合数据集计算的极端气候指数。

1. 极端降水年内阈值

基于地面气象站点观测数据和基于 CMPA-H、CMADS、GPM（IMERG）、TRMM（TMPA）网格融合数据集计算的极端降水年内阈值见表 6-1，空间分布见图 6-1。

表 6-1 基于多种数据计算的极端降水阈值 单位：mm

序号	站点名称	2015					2016				
		观测数据	CMPA-H	CMADS	GPM	TRMM	观测数据	CMPA-H	CMADS	GPM	TRMM
1	伍道梁	8.1	5.01	5.09	5.99	3.53	7.88	3.82	4.11	5.98	5.02
2	托托河	5.7	3.33	4.11	5.96	5.55	7.15	3.7	4.7	6.04	8.63
3	曲麻莱	5.24	3.87	4.22	5.93	9.59	7.3	3.77	3.91	5.82	10.72
4	清水河	7.78	8.5	5.99	5.05	13.01	7.27	5.23	5.7	6.97	11.73
5	玉树	7.82	4.55	5.59	6.43	8.47	9.08	5.02	5.58	7.15	12.3
6	德格	14.56	7.42	9.8	8.13	10.75	11.4	7.45	10.31	7.6	10.2
7	甘孜	15.72	10.12	10.68	9.12	13.98	12.32	10.06	8.95	7.39	12.23
8	新龙	11.84	7.78	8.1	9.19	12.92	12.5	12.3	11.18	7.9	11.61
9	巴塘	11.59	6.23	9.08	9.02	12.78	15.18	14.6	13.38	9.38	11.92

续表

序号	站点名称	2015					2016				
		观测数据	CMPA-H	CMADS	GPM	TRMM	观测数据	CMPA-H	CMADS	GPM	TRMM
10	理塘	15.12	8.72	7.26	10.04	14.31	14.58	10.98	10.91	10.18	16.32
11	德钦	11.87	5.13	5.82	7.42	12.74	13.02	6.33	7.26	10.17	14.15
12	稻城	15.72	10.69	10.67	10.42	12.99	16.02	12.39	12.9	11.05	16.61
13	九龙	16.59	11.51	12.11	12.06	17.16	13.66	16.06	14.96	12.73	21.25
14	迪庆（中甸）	11.23	6.95	7.48	8.73	13.93	12.42	9.63	9.47	10.4	14.63
15	维西	13.96	10.03	10.93	9.85	17.35	18.94	11.68	12.35	13.03	17.61
16	木里	20.42	19.63	17.87	15.15	16.62	15.38	11.78	14.03	13.7	18.51
17	越西	21.4	15.13	17.6	16.39	22.22	21.22	10.82	17.33	18.22	21.97
18	丽江	18.03	11.36	13.91	13.74	22.09	19.26	13.68	13.43	13.06	21.46
19	盐源	17.96	15.36	20.32	18.4	24.3	18.7	14.94	16.4	15.55	17.15
20	雷波	18.94	9.22	12.39	15.57	34.71	18.74	12.05	11.64	15.06	31.86
21	昭觉	20.88	12.95	16.89	17.28	27.04	20.12	12.77	15.93	16.69	26.26
22	昭通	16.78	7.81	10.59	13.24	22.6	16.62	9.44	12.33	14.16	25.03
23	华坪	42.05	12.96	21.43	17.53	25.25	41.44	23.63	25.72	19.36	23.82
24	会理	30.56	21.63	27.09	18.85	24.08	20.9	13.7	23.06	16.35	24.53
25	威宁	18.14	10.67	10.47	19.66	27.72	17.52	10.29	11.75	15.55	25.26
26	会泽	24.04	12.36	13.35	11.71	19.6	16.44	13.26	10.83	10.27	22.65
27	元谋	23.79	13.29	17.43	16.93	28.85	19.34	12.58	11.13	13.93	24.13
28	楚雄	26.24	13.34	17.37	16.99	24.84	27.09	13.02	14.4	15.88	27.39
29	昆明	27.6	11.1	16.48	14.34	29.44	20.7	9.22	12.92	13.07	21.6
30	凉山（西昌）	24.36	12.24	14.5	17.5	22.69	26.3	8.61	13.79	13.75	23.63
31	大理	26.02	12.75	16.7	12.04	23.44	17.45	9.94	15.31	13.36	30.96

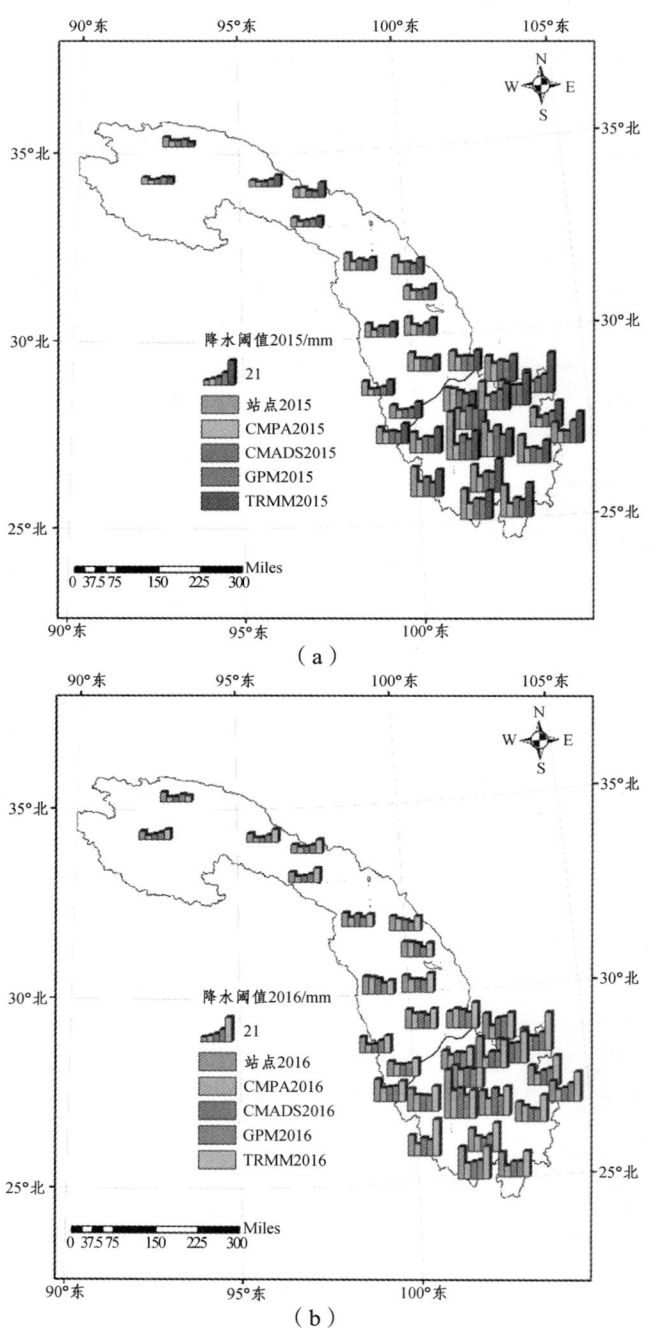

图 6-1 基于不同数据集计算的极端降水阈值空间分布

从上述空间分布图可以看出，对于每个气象站点基于不同融合数据集计算的极端降水阈值与基于观测数据所得结果相近，它们的误差见表6-2。

表6-2　基于融合数据集与基于地面站点观测数据计算的极端降水阈值误差分析　　单位：mm

站点名称	2015				2016			
	CMPA-H	CMADS	GPM	TRMM	CMPA-H	CMADS	GPM	TRMM
伍道梁	-3.09	-3.01	-2.11	-4.57	-4.06	-3.77	-1.9	-2.86
托托河	-2.37	-1.59	0.26	-0.15	-3.45	-2.45	-1.11	1.48
曲麻莱	-1.37	-1.02	0.69	4.35	-3.53	-3.39	-1.48	3.42
清水河	0.72	-1.79	-2.73	5.23	-2.04	-1.57	-0.3	4.46
玉树	-3.27	-2.23	-1.39	0.65	-4.06	-3.5	-1.93	3.22
德格	-7.14	-4.76	-6.43	-3.81	-3.95	-1.09	-3.8	-1.2
甘孜	-5.6	-5.04	-6.6	-1.74	-2.26	-3.37	-4.93	-0.09
新龙	-4.06	-3.74	-2.65	1.08	-0.2	-1.32	-4.6	-0.89
巴塘	-5.36	-2.51	-2.57	1.19	-0.58	-1.8	-5.8	-3.26
理塘	-6.4	-7.86	-5.08	-0.81	-3.6	-3.67	-4.4	1.74
德钦	-6.74	-6.05	-4.45	0.87	-6.69	-5.76	-2.85	1.13
稻城	-5.03	-5.05	-5.3	-2.73	-3.63	-3.12	-4.97	0.59
九龙	-5.08	-4.48	-4.53	0.57	2.4	1.3	-0.93	7.59
迪庆（中甸）	-4.28	-3.75	-2.5	2.7	-2.79	-2.95	-2.02	2.21
维西	-3.93	-3.03	-4.11	3.39	-7.26	-6.59	-5.91	-1.33
木里	-0.79	-2.55	-5.27	-3.8	-3.6	-1.35	-1.68	3.13
越里	-6.27	-3.8	-5.01	0.82	-10.4	-3.89	-3	0.75
丽江	-6.67	-4.12	-4.29	4.06	-5.58	-5.83	-6.2	2.2
盐源	-2.6	2.36	0.44	6.34	-3.76	-2.3	-3.15	-1.55
雷波	-9.72	-6.55	-3.37	15.77	-6.69	-7.1	-3.68	13.12
昭觉	-7.93	-3.99	-3.6	6.16	-7.35	-4.19	-3.43	6.14
昭通	-8.97	-6.19	-3.54	5.82	-7.18	-4.29	-2.46	8.41
华坪	-29.09	-20.62	-24.52	-16.8	-17.81	-15.72	-22.08	-17.62

续表

站点名称	2015				2016			
	CMPA-H	CMADS	GPM	TRMM	CMPA-H	CMADS	GPM	TRMM
会理	−8.93	−3.47	−11.71	−6.48	−7.2	2.16	−4.55	3.63
威宁	−7.47	−7.67	1.52	9.58	−7.23	−5.77	−1.97	7.74
会泽	−11.68	−10.69	−12.33	−4.44	−3.18	−5.61	−6.17	6.21
元谋	−10.5	−6.36	−6.86	5.06	−6.76	−8.21	−5.41	4.79
楚雄	−12.9	−8.87	−9.25	−1.4	−14.07	−12.69	−11.21	0.3
昆明	−16.5	−11.12	−13.26	1.84	−11.48	−7.78	−7.63	0.9
凉山（西昌）	−12.12	−9.86	−6.86	−1.67	−17.69	−12.51	−12.55	−2.67
大理	−13.27	−9.32	−13.98	−2.58	−7.51	−2.14	−4.09	13.51

由表 6-2 可以看出，2015 年 4 种降水融合数据［CMPA-H、CMADS、GPM（IMERG）、TRMM（TMPA）］误差值小于 5 mm 的站点分别占总站点数的 32%、55%、55%、71%，2016 年分别为 52%、65%、71%、74%，基本上超过 50%的站点融合数据计算的极端降水阈值误差都在 5 mm 以内，精度尚可接受。2 年检验期内，CMPA-H 有 11 个站点、CMADS 和 GPM（IMERG）有 17 和 18 个站点、TRMM（TMPA）有 28 个站点极端降水阈值误差小于 2.5 mm。TRMM（TMPA）数据误差值偏离最小，在极端降水阈值计算中该融合数据表现较好。2015 年 CMADS、GPM（IMERG）绝对误差的均方差相对较小，2016 年 CMPA-H、CMADS、GPM（IMERG）均方差较小。就整体而言，从计算极端降水阈值来看，TMPA、CMADS 与 GPM（IMERG）的表现相对较好。

2. 极端高温年内阈值

基于地面气象站点观测数据和基于 0.5°网格、CMADS 网格融合数据集计算的极端高温年内阈值见表 6-3，空间分布见图 6-2。

表 6-3 基于多种数据计算的极端高温阈值　　　　　　　　单位：°C

站点名称	2015			2016		
	观测数据	0.5°网格	CMADS	观测数据	0.5°网格	CMADS
伍道梁	12.86	12.86	12.12	14.8	12.9	14
托托河	15.66	13.1	14.03	16.95	12.55	15.1
曲麻莱	17.3	14.7	17.04	19.2	14.2	19.28

续表

站点名称	2015			2016		
	观测数据	0.5°网格	CMADS	观测数据	0.5°网格	CMADS
清水河	15.2	14.86	14.09	16.15	13.45	15.34
玉树	21.7	15.8	20.86	22.6	14.35	23.01
德格	24.4	15.7	24.86	25.9	14.25	24.56
甘孜	23	13.82	20.41	23.65	12.25	20.91
新龙	26.1	17.3	18.24	26.85	14.85	17.59
巴塘	30.8	17.02	31.06	29.5	13.85	31.58
理塘	19.3	15.3	16.89	18.8	12.7	16.04
德钦	21.3	20.26	19.57	20.4	17.3	22.16
稻城	21.46	26.66	22.17	20.65	22.95	21.63
九龙	25.06	25.6	21.17	25.1	23.05	20.45
迪庆（中甸）	21.6	25.5	19.99	20.2	22.75	20.24
维西	27.4	16.42	27.27	26.45	14.1	26.29
木里	28.3	27.06	24.28	27.55	23.85	23.52
越里	29.36	20.32	29.69	30.3	18.7	29.1
丽江	26.8	19.86	26.55	25.4	17.75	24.62
盐源	25.7	29.6	20.35	25.3	26.4	18.15
雷波	27.46	29.26	27.3	28.95	28.05	29.33
昭觉	26.9	29.36	25.97	27.7	27.55	26.64
昭通	27.1	24.06	25.66	27.55	21.8	26.56
华坪	35.4	28.16	35.5	33.5	24.7	36.1
会理	29.5	28.66	31.27	28.95	25.45	29.97
威宁	24.16	26.3	23.15	24.1	24.1	22.46
会泽	26	24.26	30.22	25.75	21.8	27.39
元谋	36.26	29.4	38.58	34.5	25.8	34.75
楚雄	29.56	26.16	28.11	27.5	22.95	26.71
昆明	27.56	29.8	30.7	26.85	26.7	30.03
凉山（西昌）	31.6	27.16	30.53	31.7	24.85	29.94
大理	28.2	24.26	29.29	27.15	22.35	28.38

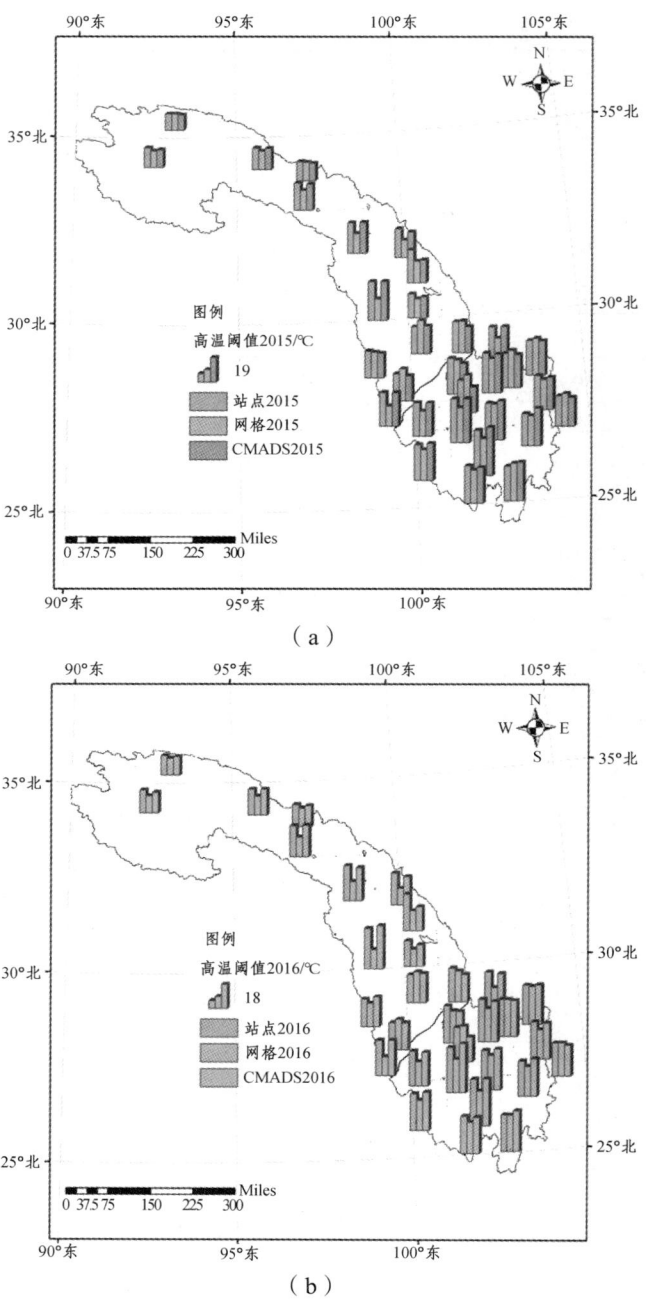

图 6-2 基于不同数据集计算的极端高温阈值空间分布

从空间分布图也可以看出，对于每个气象站点基于不同融合数据集计算的极端高温阈值与基于观测数据所得结果相近，它们的误差见表6-4。

表6-4 基于融合数据集与基于地面站点观测数据计算的极端高温阈值误差分析　　单位：°C

站点名称	2015		2016	
	0.5°网格	CMADS	0.5°网格	CMADS
伍道梁	0	-0.74	-1.9	-0.8
托托河	-2.56	-1.63	-4.4	-1.85
曲麻莱	-2.6	-0.26	-5	0.08
清水河	-0.34	-1.11	-2.7	-0.81
玉树	-5.9	-0.84	-8.25	0.41
德格	-8.7	0.46	-11.65	-1.34
甘孜	-9.18	-2.59	-11.4	-2.74
新龙	-8.8	-7.86	-12	-9.26
巴塘	-13.78	0.26	-15.65	2.08
理塘	-4	-2.41	-6.1	-2.76
德钦	-1.04	-1.73	-3.1	1.76
稻城	5.2	0.71	2.3	0.98
九龙	0.54	-3.89	-2.05	-4.65
迪庆（中甸）	3.9	-1.61	2.55	0.04
维西	-10.98	-0.13	-12.35	-0.16
木里	-1.24	-4.02	-3.7	-4.03
越里	-9.04	0.33	-11.6	-1.2
丽江	-6.94	-0.25	-7.65	-0.78
盐源	3.9	-5.35	1.1	-7.15
雷波	1.8	-0.16	-0.9	0.38
昭觉	2.46	-0.93	-0.15	-1.06
昭通	-3.04	-1.44	-5.75	-0.99
华坪	-7.24	0.1	-8.8	2.6

续表

站点名称	2015		2016	
	0.5°网格	CMADS	0.5°网格	CMADS
会理	-0.84	1.77	-3.5	1.02
威宁	2.14	-1.01	0	-1.64
会泽	-1.74	4.22	-3.95	1.64
元谋	-6.86	2.32	-8.7	0.25
楚雄	-3.4	-1.45	-4.55	-0.79
昆明	2.24	3.14	-0.15	3.18
凉山（西昌）	-4.44	-1.07	-6.85	-1.76
大理	-3.94	1.09	-4.8	1.23
均方差	4.81	2.37	4.7	2.66

由表6-4可知，在2年检验期内基于0.5°网格气温融合数据计算的极端高温阈值误差小于5 ℃的站点分别占总站点数的64.5%、58.1%，超过93.5%的站点基于CMADS计算的极端高温阈值误差都在5 ℃以内，CMADS精度较高。基于0.5°网格气温计算的极端高温阈值误差值小于3 ℃的站点仅占总站点数的40%左右，基于CMADS计算出的极端高温阈值中80%的站点都在此误差值以内。基于CMADS计算的极端高温阈值在曲麻莱、德格、巴塘、维西、越西等站点误差绝对值小于0.5 ℃。与之相比，基于0.5°网格气温计算结果中误差小于0.5 ℃的站点只有2个，且基于CMADS数据计算的绝对误差的均方差较小。因此，从整体来看，在极端高温阈值计算中，CMADS数据表现相对较好。

3. 低温年内阈值

基于观测数据和基于0.5°网格、CMADS网格融合数据计算的极端低温年内阈值见表6-5，空间分布见图6-3。

表6-5　基于多种数据计算的极端低温阈值　　　　　　　单位：℃

站点名称	2015			2016		
	观测数据	0.5°网格	CMADS	观测数据	0.5°网格	CMADS
伍道梁	-20.8	-22.4	-21	-22.85	-19.3	-22.35
托托河	-22.18	-23.26	-23.82	-22.55	-18.55	-23.42

续表

站点名称	2015			2016		
	观测数据	0.5°网格	CMADS	观测数据	0.5°网格	CMADS
曲麻莱	-20.02	-21.16	-20.13	-21.05	-17.25	-20.66
清水河	-27.54	-23.28	-29.19	-25.7	-17.9	-26.96
玉树	-16	-21.12	-17.46	-16.15	-16.05	-15.4
德格	-8.7	-18.56	-11.41	-7.9	-13.1	-10.14
甘孜	-10.9	-19.3	-13.23	-9.15	-13.95	-12.95
新龙	-10.14	-14.96	-14.89	-9.9	-9.9	-14.29
巴塘	-2.66	-15.2	-3.53	-2.45	-10.2	-3.51
理塘	-10.9	-15.46	-15.98	-11.4	-10.9	-17.42
德钦	-6.3	-6.7	-5.27	-6.95	-3.8	-3.78
稻城	-11.06	-4.66	-10.01	-11.3	-1.5	-9.01
九龙	-4.66	-3.9	-10.21	-5.2	-0.8	-13.82
迪庆（中甸）	-8.7	-2.86	-8.78	-8.3	-0.1	-8.36
维西	-1.3	-9.36	-0.84	-1.45	-6.3	-1.66
木里	0.84	-1.5	-3.22	0.6	0	-3.71
越里	0.14	-5.96	2.1	-0.1	-2.35	2.1
丽江	0.24	-6.06	0.8	0.1	-2.8	0.34
盐源	-1	0.84	-5.97	-1.15	0	-7.8
雷波	2.8	1.9	2.22	2.7	0	3.34
昭觉	-1.5	1.4	-2.66	-2.1	0	-2.38
昭通	-0.6	-1.5	-0.92	-1.2	0	-1.64
华坪	5.8	0	7.16	5.15	0	7.33
会理	1.9	0.54	2.93	1.4	0	3.91
威宁	-1.18	0	-2.53	-1.2	0	-3.17
会泽	0.32	-0.1	2.42	0.1	0	2.29
元谋	7.5	2.24	8.68	7.8	0	9.54
楚雄	5.1	1.8	1.36	4.6	0	1.54
昆明	3.48	3.64	6.09	2.8	0	6.5
凉山（西昌）	4.64	0	4.01	3.95	0	3.43
大理	3.04	-0.7	0.6	3.05	0	0.6

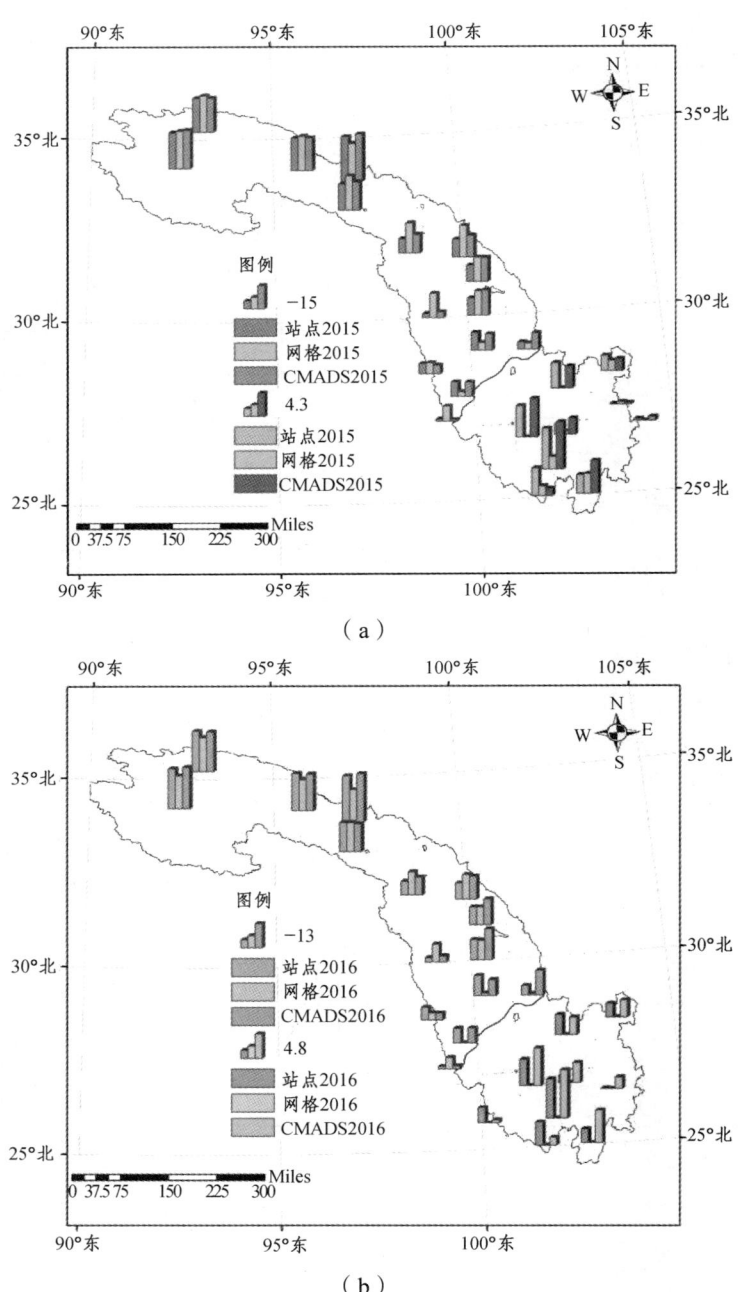

图 6-3　基于不同数据集计算的极端低温阈值空间分布

从空间分布图可以看出，对于每个气象站点基于不同融合数据集计算的极端低温阈值与基于观测数据所得结果部分相近，它们的误差见表 6-6。

表 6-6　基于融合数据集与基于地面站点观测数据计算的极端低温阈值误差分析　　　单位：℃

站点名称	2015		2016	
	0.5°网格	CMADS	0.5°网格	CMADS
伍道梁	-1.6	-0.2	3.55	0.5
托托河	-1.08	-1.64	4	-0.87
曲麻莱	-1.14	-0.114	3.8	0.395
清水河	4.26	-1.652	7.8	-1.26
玉树	-5.12	-1.46	0.1	0.75
德格	-9.86	-2.71	-5.2	-2.24
甘孜	-8.4	-2.33	-4.8	-3.8
新龙	-4.82	-4.75	0	-4.39
巴塘	-12.54	-0.87	-7.75	-1.06
理塘	-4.56	-5.08	0.5	-6.02
德钦	-0.4	1.03	3.15	3.17
稻城	6.4	1.05	9.8	2.29
九龙	0.76	-5.55	4.4	-8.62
迪庆（中甸）	5.84	-0.08	8.2	-0.06
维西	-8.06	0.46	-4.85	-0.21
木里	-2.34	-4.06	-0.6	-4.31
越里	-6.1	1.96	-2.25	2.2
丽江	-6.3	0.56	-2.9	0.24
盐源	1.84	-4.97	1.15	-6.65
雷波	-0.9	-0.58	-2.7	0.64
昭觉	2.9	-1.16	2.1	-0.28
昭通	-0.9	-0.32	1.2	-0.44
华坪	-5.8	1.36	-5.15	2.18
会理	-1.36	1.03	-1.4	2.51
威宁	1.18	-1.35	1.2	-1.97
会泽	-0.42	2.1	-0.1	2.19
元谋	-5.26	1.18	-7.8	1.74

续表

站点名称	2015		2016	
	0.5°网格	CMADS	0.5°网格	CMADS
楚雄	-3.3	-3.74	-4.6	-3.06
昆明	0.16	2.61	-2.8	3.7
凉山（西昌）	-4.64	-0.63	-3.95	-0.52
大理	-3.74	-2.44	-3.05	-2.45
均方差	4.41	2.26	4.47	2.99

由表6-6可以看出，基于0.5°网格温度融合数据计算的极端低温阈值误差在5 ℃以内的站点数量仅占总站点数的60%~70%，而基于CMADS温度数据计算的该误差范围内的站点比例达到90%以上。超过60%的站点基于CMADS温度数据计算的极端低温阈值误差绝对值在2 ℃以内。与之相比，基于0.5°网格温度数据计算的该误差范围内站点数在2年检验期内分别仅有38.7%和29%。CMADS在流域范围内各站点绝对误差的均方差小于0.5°网格温度，表现了该融合数据较高的精度。因此，就整体而言，基于CMADS温度数据计算的极端低温阈值与地面气象站点观测数据计算结果吻合度更好，精度较高。

6.1.2 极端降水指数的空间分布对比分析

基于观测数据计算的极端降水指数与基于融合数据计算的极端降水指数的空间分布见图6-4（由于计算结果数据量庞大，略去列表）。分布图中共31个地面气象站点，每个气象站点处有并列的5个柱状图，其分别代表基于地面气象站点观测数据和基于CMPA-H、CMADS、GPM（IMERG）、TRMM（TMPA）融合数据计算的极端气候指数。

从图6-4可以看出，在31个站点中基于4种融合数据与基于观测数据计算的RX1day（1日最大降水量）存在差异。例如：2015年维西站，基于观测数据计算的RX1day为39.4 mm，基于融合数据CMPA-H、CMADS、GPM（IMERG）、TRMM（TMPA）计算的RX1day分别为35.3 mm、35.01 mm、47.3 mm、45.7 mm；2016年新龙站，基于观测数据计算的RX1day为34.7 mm，基于融合数据CMPA-H、CMADS、GPM（IMERG）、TRMM（TMPA）计算的RX1day分别为34.4 mm、37.1 mm、44.0 mm、38.6 mm。

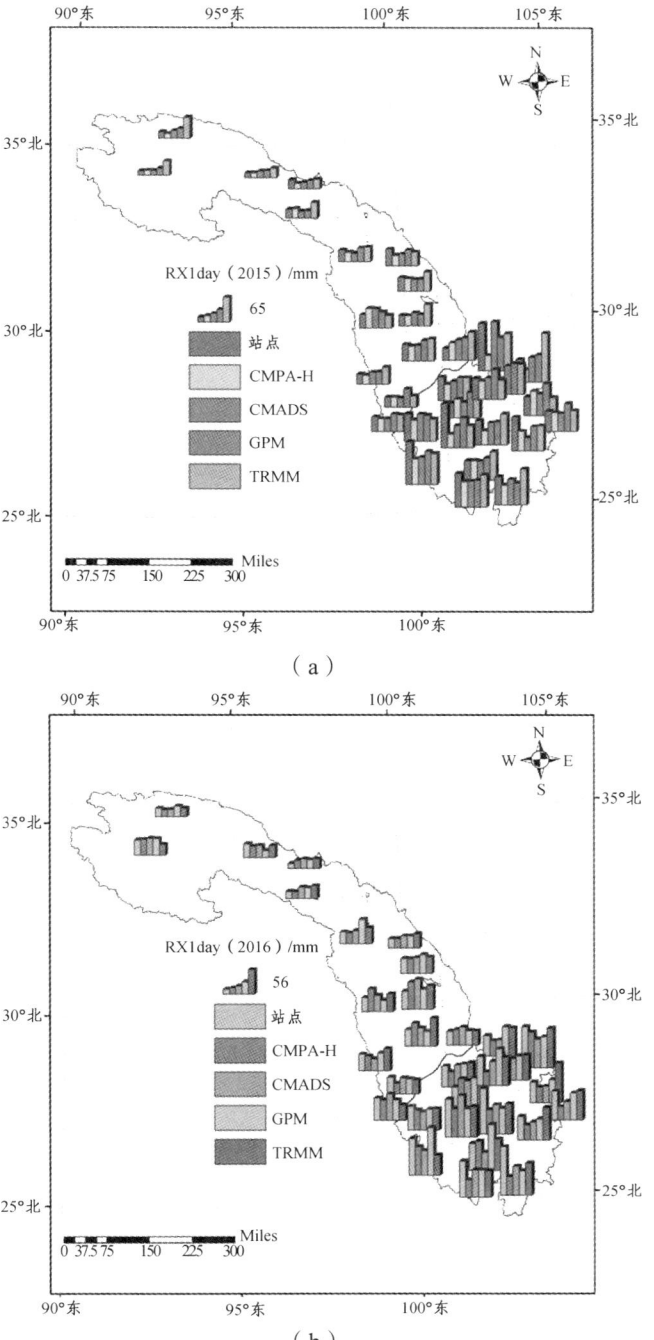

(a)

(b)

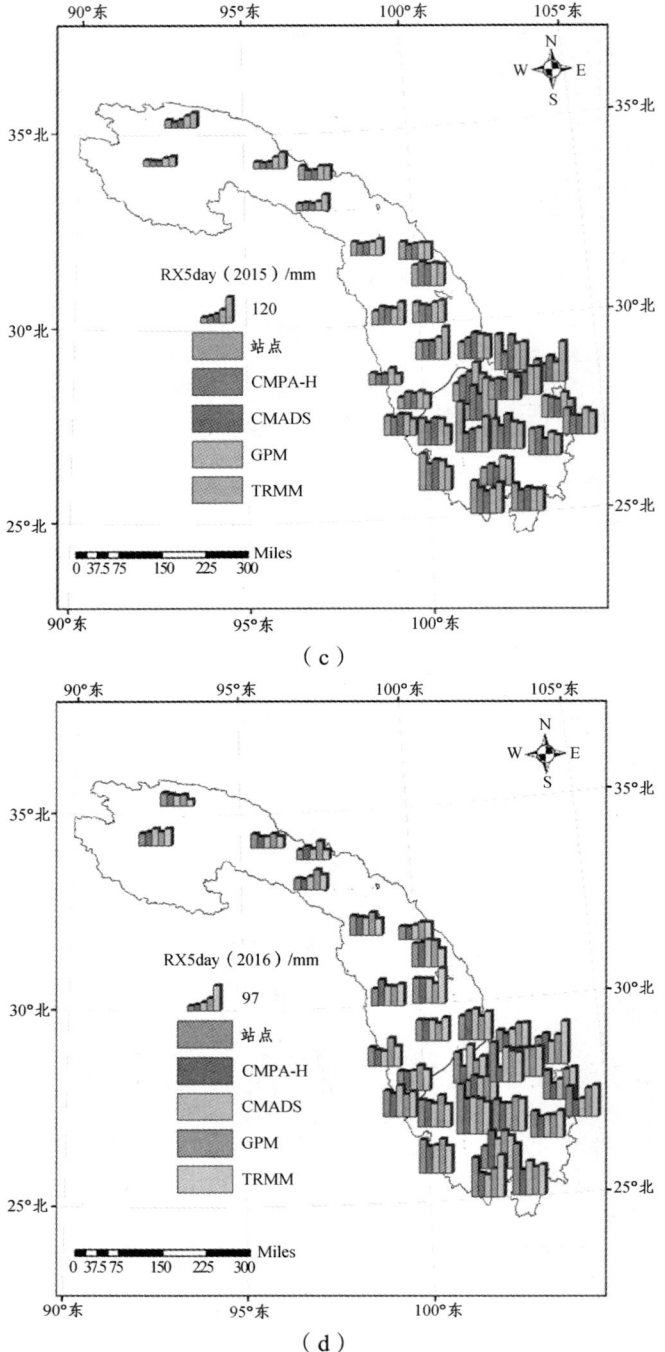

(c)

(d)

第 6 章
079 >>>> 融合数据极端气候指数空间应用

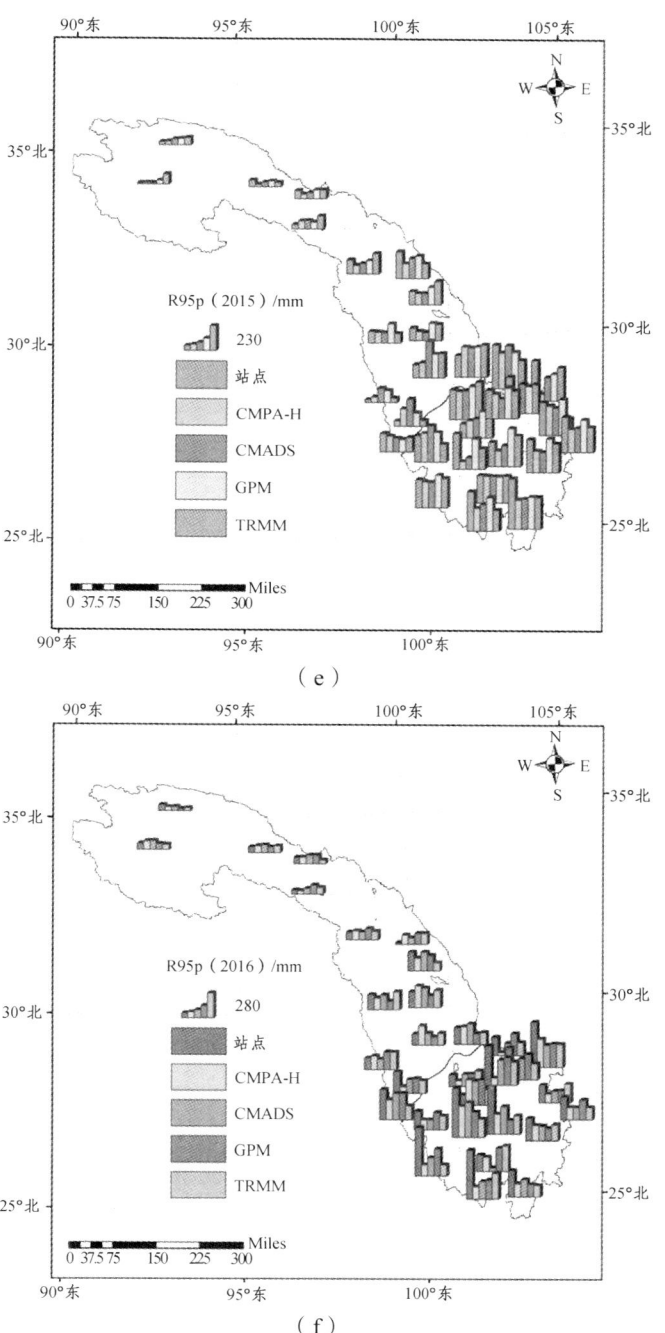

(e)

(f)

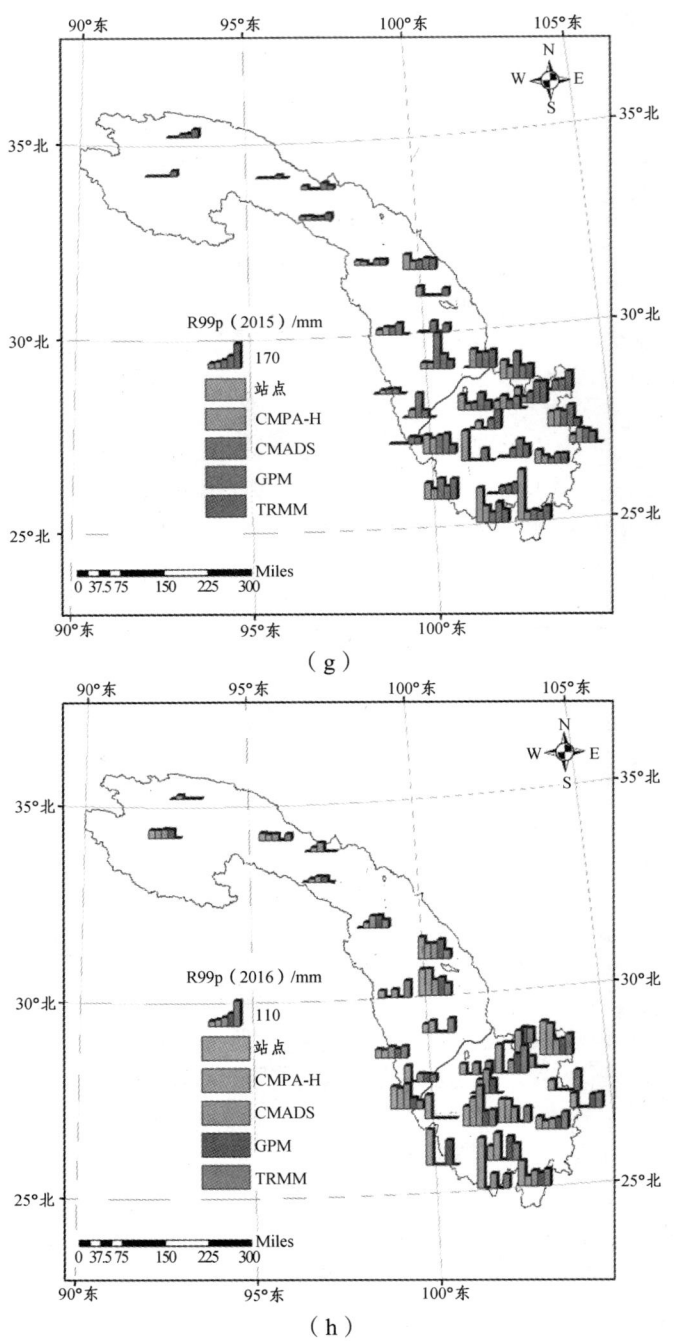

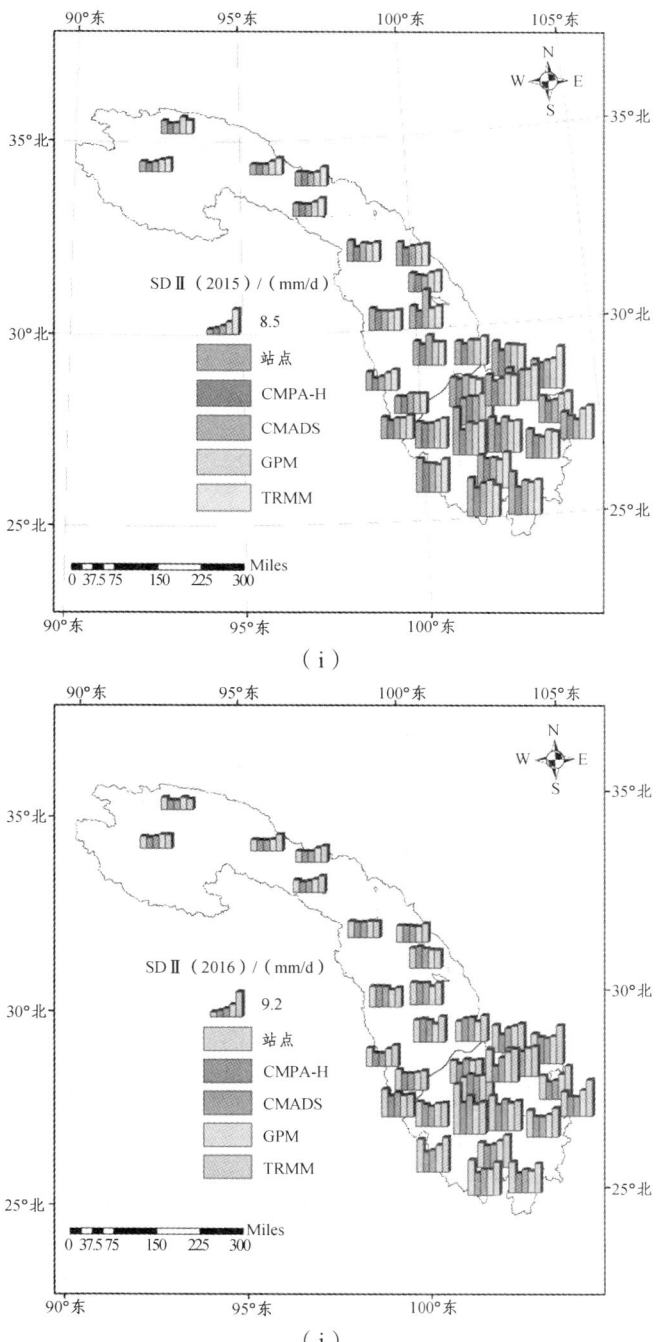

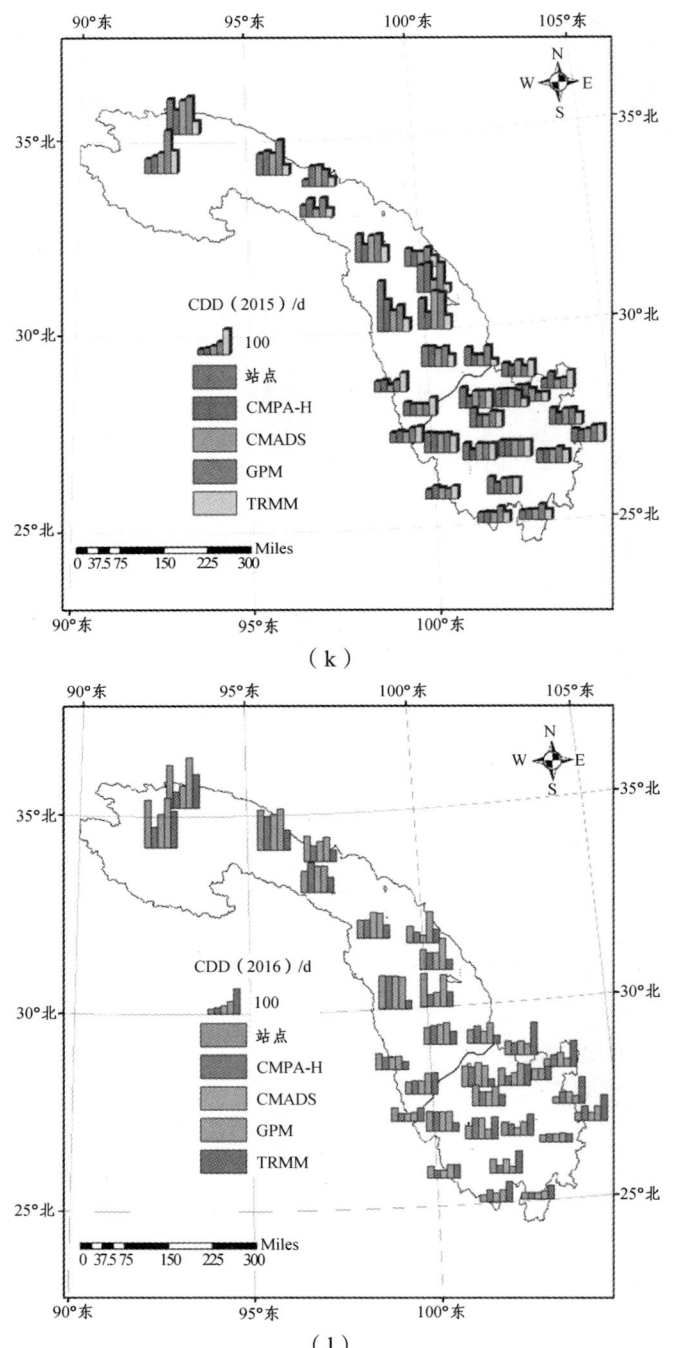

(k)

(l)

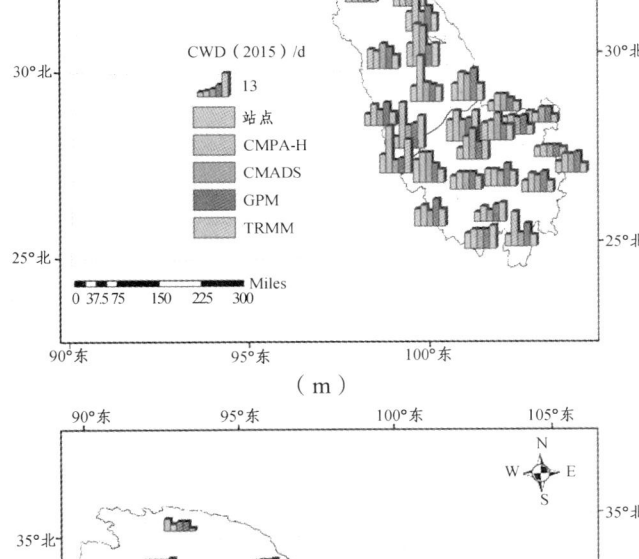

(m)

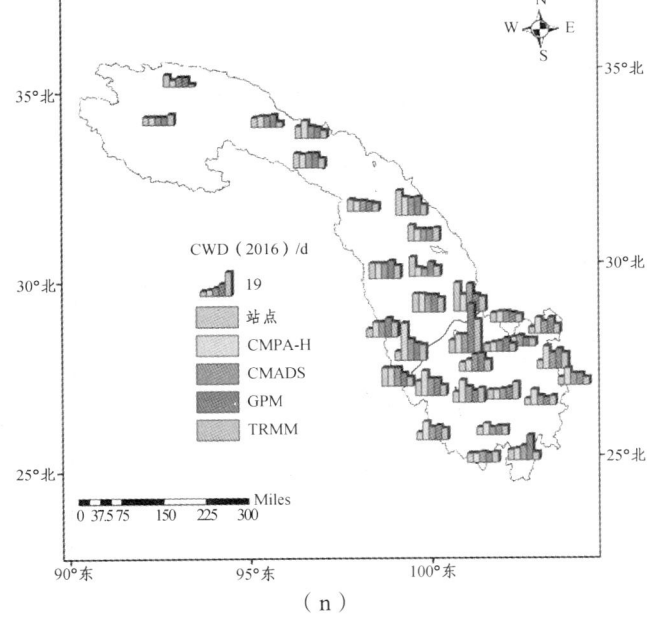

(n)

图 6-4 极端降水指数对比分析

基于 2 种数据（观测数据和融合数据）计算的 RX5day（5 日最大降水量）在部分站点也存在差异。例如：2015 年会理站，基于观测数据计算的 RX5day 为 140.2 mm，基于融合数据 CMPA-H、CMADS、GPM（IMERG）、TRMM（TMPA）计算的 RX5day 分别为 106.3 mm、161.4 mm、126 mm、119.1 mm。

基于 2 种数据计算的强降水量（R95p）与极端降水量（R99p）与上述 2 个指数相比具有类似的表现。例如：2015 年会理站，基于观测数据计算的 R95p 为 288.3 mm，基于融合数据 CMPA-H、CMADS、GPM（IMERG）、TRMM（TMPA）计算的 RX5day 分别为 250.1 mm、244.4 mm、242.7 mm、250.6 mm。从空间分布图来看，极端降水量（R99p）指数［见图 6-4（g）和图 6-4（h）］表现较差。

从降水强度 SDⅡ（2015）、SDⅡ（2016）空间分布［见图 6-4（i）和图 6-4（j）］来看，有 30 个站点柱高度基本相同，在该指数上，基于网格融合数据计算的 SDⅡ 与基于观测数据计算的 SDⅡ 差异很小。

从持续干期 CDD［见图 6-4（k）和图 6-4（l）］、持续湿期 CWD［见图 6-4（m）和图 6-4（n）］空间分布来看，与基于观测数据计算的这两个指数相比，基于融合数据计算的指数值存在差异。例如：2015 年凉山（西昌）站，基于观测数据计算的 CDD 为 68 d，基于融合数据 CMPA-H、CMADS、GPM（IMERG）、TRMM（TMPA）计算的 CDD 分别为 70 d、70 d、64 d、33 d；2016 年维西站，基于观测数据计算的 CWD 为 14 d，基于融合数据 CMPA-H、CMADS、GPM、TRMM 计算的 CWD 分别为 14 d、14 d、10 d、7 d。

对 31 个站点基于融合数据与基于观测数据计算的极端降水指数的误差进行综合分析，结果见表 6-7~6-10。从表中可以看出，在 2015 年基于 4 种融合数据与基于观测数据计算的 RX1day 误差值小于 5 mm 的站点 CMPA-H、CMADS、GPM（IMERG）、TRMM 分别有 12 个、14 个、8 个、8 个；2016 年中误差值小于 5 mm 的站点 CMPA-H、CMADS、GPM（IMERG）、TRMM 分别有 10 个、8 个、9 个、8 个。基于 4 种融合数据与基于观测数据计算的 RX5day 误差值小于 10 mm 的站点最多的是基于 CMADS 数据计算出的，分别为 15 个（2015 年）、10 个（2016 年），基于 TRMM 数据计算的 RX5day 在 2015 年误差值小于 10 mm 的站点相对较少，有 6 个。在 2 年检验期内，基于各融合数据计算的 R95p 与基于观测数据计算的误差值小于 10 mm 的站点个数相近，在 2016 年基于 CMPA-H、CMADS、GPM（IMERG）、TRMM 计算的 R99p 与基于观测数据计算的误差值小于 5 mm 的站点个数分别为 9 个、9 个、7 个、9 个，各降水融合数据表现也相似。与基于观测数据计算的 SDⅡ 值相比，在 2015 年基于

表 6-7 基于融合数据计算的极端降水量指数对基于观测数据所得结果的差值（2015）

单位：mm

序号	站名	RX1day CMPA-H	RX1day CMADS	RX1day GPM	RX1day TRMM	RX5day CMPA-H	RX5day CMADS	RX5day GPM	RX5day TRMM	R95p CMPA-H	R95p CMADS	R95p GPM	R95p TRMM	R99p CMPA-H	R99p CMADS	R99p GPM	R99p TRMM	SDII CMPA-H	SDII CMADS	SDII GPM	SDII TRMM
1	伍道梁	-4.8	3.7	9	38.5	-10.2	-0.3	19.6	34.7	4.4	26.7	30.2	39.4	0	20.5	25.8	55.3	-0.9	-0.8	1.3	0.2
2	托托河	1.3	0.46	7.1	25.4	-3.1	-4.92	9.5	16.8	1.3	0.5	23	80.8	0	0	0	37.5	-0.6	-0.1	0.6	1
3	曲麻莱	0	4.28	5.5	12.1	-4.9	0.91	23.4	44.7	-40.2	-19.9	-8.4	-22.5	0	0	18.7	0	-0.2	-0.1	1	2.1
4	清水河	-9.5	-5.94	-1.6	1.6	-21.1	-18.37	2.1	-0.1	-33.4	-17.7	8.1	6.8	-23.5	-23.5	19.9	1.6	-0.1	-0.5	0	1.8
5	玉树	1.9	-4.88	-3	18.3	5.5	-0.79	10.4	42.7	34.7	37.7	23.3	81.1	1.9	-4.9	-3	18.3	-0.4	-0.4	0.5	1.8
6	德格	-5.8	-8.16	6.3	7.6	-11.5	-6.5	-2.2	11.8	-49.1	-33.8	-9.1	59.4	-5.8	-29.7	6.3	7.6	-2.3	-0.9	-1.2	-0.6
7	甘孜	-15.8	-12.54	-2	-7.4	-15.8	-8.54	-4.3	-4.7	-112.1	-61.1	-39.4	-114.3	-50.3	-43	-27.1	-31.8	-2.1	-1.3	-0.9	-0.5
8	新龙	-2.5	-4.29	-3.8	15.1	15.3	6.14	12.1	6.9	-18.6	-16	40	96.7	-62.8	-62.8	-62.8	-12.8	-0.8	-1.1	0.2	0.8
9	巴塘	17.4	15.82	7.7	-1.1	20.8	14.78	11.9	41.4	-5.2	-11.6	71.9	-19.9	17.4	15.8	42.7	-34.6	-1	-1	-1	-0.6
10	理塘	-1	6.84	2.2	29	-12.6	-17.41	-0.3	6.9	-29.7	-38.99	45.7	35.5	0	75.32	0	56.8	-2	5.5	-0.9	0
11	德钦	-2.6	4.76	5.8	17.8	-7.9	-3.9	23	-3.9	26.6	108.6	87.1	17.8	24.9	32.3	33.3	0	-2.1	-1.6	-0.3	0.8
12	稻城	-3.6	-1.67	11.3	15.3	2.4	3.29	20.4	69.4	18	218.7	98.8	103.9	-3.6	203.8	56.5	15.3	-1.2	2	-0.3	-0.3
13	九龙	14	22.91	27.9	42.6	18.5	45.2	37.4	31.2	78.9	69.9	78.8	97.9	128.7	102.6	107.8	122.7	-1.1	0.4	0.3	1.6
14	迪庆	0.2	-1.98	22.4	4	23.2	16.34	28.4	15.6	116.7	208.1	77.5	7.8	52.9	168.2	48.8	0	-0.1	1.1	1	1.1
15	维西	-4.1	-4.39	7.9	6.3	-6.1	9.72	7.7	-13.7	-25.6	-42.5	-54.7	-37.5	0	0	47.3	45.7	-1.4	-0.5	-0.4	0.7
16	木里	-18.6	-10.89	-1.9	-1.7	30.7	54.92	99.4	45.5	-14.5	-6.5	33	70.7	-62	-54.3	12.6	-45.1	-0.6	0.6	-0.1	-0.6
17	越西	-84.5	4.31	-37.8	-26.9	-84.5	-2.86	-42.9	-33.9	-75.1	-6.3	-67.4	-143.9	-44.3	55	-37.8	-26.9	-3.2	-1	-1.2	-1.4
18	丽江	-17.8	-1.12	-4.7	-15.2	-19.8	2.21	-1.8	-33.1	22.7	98.5	31.4	-78.1	-25.5	-3.7	8.5	-69.6	-0.6	-0.5	0.4	1.3

续表

序号	站名	RX1day				RX5day				R95p				R99p				SDII			
		CMPA-H	CMADS	GPM	TRMM	CMPA-H	CMADS	GPM	TRMM	CMPA-H	CMADS	GPM	TRMM	CMPA-H	CMADS	GPM	TRMM	CMPA-H	CMADS	GPM	TRMM
19	盐源	11.1	2.88	29.3	45.8	87.1	46.64	123.3	113.7	29.4	49	118.3	171.4	51.3	0	69.5	136.5	0.8	0.8	1.7	2.4
20	雷波	-26.8	5.73	11.7	69.4	-20.5	19.54	-10.8	87.9	-304.8	-155	-123.2	-63.8	-59.6	5.7	11.7	69.4	-1.2	-0.2	0.4	4.6
21	昭觉	-14.3	19.02	25.2	23.8	-10.6	-5.42	22.8	25.3	-136	-65.8	-84.6	-68	-63.3	-30	41	41.2	-2.3	-0.7	-0.5	1
22	昭通	15.5	7.89	35.4	-1.7	-7.4	-15.62	18.5	-13.3	-31.3	-51.1	26.4	-150.4	13.1	2.8	46.8	-48	-1.8	-1.3	0.7	1.6
23	华坪	-82.2	-59.05	-38.2	-59.8	-148.6	-131.07	-121.5	-70.5	-267.1	-228.8	-52.2	-144.3	-205.1	-205.1	-124.4	-205.1	-8.1	-5.4	-5.9	-4.9
24	会理	-28	-5.94	-3.2	18.5	-33.9	21.2	-14.2	-21.1	-81.5	-34	132.9	61.3	0	59.5	124.4	83.9	-2.6	0	-1.4	-1.2
25	威宁	-4.3	-6.65	20.4	1	-32.9	-34.63	0.8	-13.9	-117.8	-106.6	-28.1	-98.8	43.9	39.6	20.4	-55.3	-1.5	-2.7	1.1	2.3
26	会泽	-37.9	-55	-25	-23.3	4.7	-48.75	-17.4	-29.4	-109.3	-122.4	4.4	-38.5	-37.9	-55	-25	-23.3	-2.5	-2.9	-0.4	-0.9
27	元谋	0.1	-1.59	7.3	23.5	18.2	4.45	52.5	45.1	-6.6	-12.3	-14	-6.1	0	49.6	58.5	74.7	-1.4	-0.9	-1.7	1
28	楚雄	-22.1	-20.79	-18.6	-3.7	-33.9	-50.43	-35.6	-8.6	-151.9	-116.9	-52.3	-166.4	-125.5	-169.9	-100.8	-152.8	-3.7	-1.8	-1	-2.7
29	昆明	-21.5	-7.29	-16.3	20.8	-31.9	-17.89	-24.5	-26.4	-194.1	-186.2	-167.4	-173.1	-291.5	-277.3	-286.3	-249.2	-5.4	-3.1	-3.7	-2.7
30	凉山	-6.8	1.18	23.6	-4.7	9.7	5.37	40.4	17	-36.3	-81	19.9	-8.6	33.6	1.2	23.6	-55.3	-2.2	-1.3	0.2	-0.1
31	大理	-44.5	-40.12	-25.2	-31	-50.6	-29.3	-34	-66.3	-21.3	-24.2	41.3	12.8	-44.5	29	-25.2	26.4	-1.7	-1.8	-2.3	-0.2

表 6-8 基于融合数据计算的极端降水量指数对基于观测数据所得结果的差值（2016） 单位：mm

序号	站名	RX1day				RX5day				R95p				R99p				SDII			
		CMPA-H	CMADS	GPM	TRMM	CMPA-H	CMADS	GPM	TRMM	CMPA-H	CMADS	GPM	TRMM	CMPA-H	CMADS	GPM	TRMM	CMPA-H	CMADS	GPM	TRMM
1	伍道梁	-2.9	-2.4	5.3	0.8	-4.5	-10.2	-7.4	-26	-24.8	-18.8	-42.7	-34.4	15.9	0	0	0	-1.1	-1.1	0	-0.7
2	托托河	1.5	3.98	3.2	-9.9	4.8	18.77	5.4	17.5	23.2	27.9	-6.8	-13.5	1.5	4	3.2	-35	-0.5	0	0.7	0.6
3	曲麻莱	-4.7	-3.44	-15.2	-3.9	-10.8	-9.75	1	-8.3	12.1	19.9	-5	7.9	-4.7	-3.4	-31.2	-3.9	-0.2	-0.2	0.1	1.8
4	清水河	7.2	9.89	8.3	10.1	12.9	3.02	33.1	-0.2	1.1	24.4	23.1	-28.8	19.8	40.3	0	0	-0.2	-0.2	1.1	1.9
5	玉树	-0.5	9.43	8.2	12.7	-3.6	7.21	33.2	13.8	-8	17.6	54.4	27.3	16.5	26.4	25.2	0	-0.7	-0.4	0.3	1.5
6	德格	-2	3.52	28.7	9.9	-4.6	-7.5	12.6	-11.1	15.3	1.9	39.6	8.8	24.5	52.9	55.2	36.4	-0.5	-0.4	0	-0.1
7	甘孜	0.3	5.62	6.3	11.3	-2.6	4.72	16.2	14.8	80.9	51.2	102.1	101.6	0	0	0	0	-0.1	-0.3	0	0.7
8	新龙	-0.3	2.46	9.3	3.9	3	14.51	11.7	-19.5	-63.5	2.2	-36.6	-114.3	-28.5	-27.7	-10.7	-57	0.6	-0.2	-0.5	-0.7
9	巴塘	20.4	6.04	-5.5	9	35.7	11.35	10.4	18.6	-35.3	-1.9	-71.5	32.9	-31.3	6	-31.3	45.7	0	-0.1	-0.6	-0.4
10	理塘	21	27.62	4.2	12.2	-0.4	-0.55	-19.2	39.2	63.3	41.6	-40.6	16.1	2.7	-47.9	-37.6	-63.3	-0.2	-0.1	-1.3	-0.1
11	德钦	-4.3	-10.44	2.6	12.9	-10	-15.17	35.7	4.8	22.9	-11.3	68.5	65.4	-4.3	11.1	2.6	12.9	-1.9	-2	-1.4	1
12	稻城	14.1	3.44	-4.5	25.7	-0.4	0.39	-13.2	9.1	88.8	8.1	-34.2	8.2	14.1	-37.9	-37.9	25.7	0.3	-0.2	-0.3	1.2
13	九龙	4	9.42	1.7	0.9	16.9	25.64	-1.9	16	10.2	36.8	-68.3	-55.6	0	0	0	0	1	1.4	-0.2	2.1
14	道孚	-14.4	-2.03	-4	-6.4	-1.8	1.51	22.7	6	-168	-84.3	-73.7	-99.5	-72.7	-35.7	-37.7	-40.1	-1.4	-1.4	-1.1	-0.4
15	维西	-4.7	9.04	-3.5	-15.6	-11.7	19.39	-15.1	-3.9	-114.1	-44.1	-44	-183.1	-9.2	9.5	-53	-65.1	-2.5	-1.2	-2.3	-1.9
16	木里	-12.7	2.27	5.3	8.3	-53.2	27.83	-29.8	-14	-68.3	5.6	8.6	43.1	-47.6	2.3	-47.6	8.3	-1.3	0.4	-0.1	0.3
17	越西	-12.1	-10.58	20.2	17.2	-14.6	4.27	26.1	28.4	-165	-65.2	40.2	-56	0	0	67.4	64.4	-3.6	-1.1	-0.4	0.4

续表

序号	站名	RX1day				RX5day				R95p				R99p				SDII			
		CMPA-H	CMADS	GPM	TRMM	CMPA-H	CMADS	GPM	TRMM	CMPA-H	CMADS	GPM	TRMM	CMPA-H	CMADS	GPM	TRMM	CMPA-H	CMADS	GPM	TRMM
18	丽江	-8.6	-13.34	-6.3	-5.6	-5.3	-14.76	17.6	-18.2	-93.3	-95	-13.9	-51.2	-104.9	-104.9	-104.9	-104.9	-1	-1.8	-0.7	-0.5
19	盐源	19.5	14.2	20.7	7.6	21.8	12.63	17	38.4	171.8	154.4	169	64.1	62.2	105.7	63.4	0	1.1	0.4	0.6	-0.3
20	雷波	-13.1	-28.81	-23.6	-4.1	15	-16.12	10.8	62.4	-184.3	-251.6	-237	-241.9	-12.4	-83	-77.8	-58.3	-1.2	-1.8	-1	3
21	昭觉	-22.3	-9.73	-3.2	-1.8	2.4	3.28	5.2	8.7	-191.6	-119.2	-71.6	-173.2	-125.4	-112.8	-162.7	-162.7	-2.6	-1.2	0	0.7
22	昭通	-11.9	-9.54	5.5	43.9	-51.1	-33.61	4.8	12.6	-96.1	-65.9	-59.1	15.7	-47.5	-47.5	-47.5	43.9	-2.5	-1.9	0.4	3.5
23	华坪	-22.4	8.54	-22.4	-16.6	-55.8	-51.5	-56	-69.2	-202.6	-161.6	-268.1	-343.9	36.9	89.3	-22.4	-16.6	-6.9	-4.4	-7.6	-6.7
24	会理	-48.7	-37.24	-45.3	-34.7	-14.1	-14.44	10	3.9	-333.7	-246.7	-395.7	-347.9	-2.2	-37.2	-104.1	-34.7	-3.4	-1.5	-2.7	-1.9
25	威宁	-35	-23.24	-4	1.3	-54.5	-47.55	-5.2	5.8	-112.1	-114.8	-28.9	-116.5	-65	-65	-4	1.3	-1.9	-2	0.5	4.3
26	会泽	-19.2	-12.24	-5.5	20.4	-22	-14.66	-13.5	1.4	-78.2	-83	-108.6	-70.8	-19.2	-12.2	-5.5	20.4	-2.4	-2.5	-1.6	0.7
27	元谋	5.4	-20.3	42.9	10	60.3	26.89	60.3	40.9	-24.9	-139.2	74.2	102	58.5	-62.1	42.9	10	-1.2	-0.8	0.6	2.6
28	禄劝	-44.5	-19.95	-20.8	-22.3	-59.2	-65.57	-42.1	9.5	-404.4	-346.7	-328.8	-252.2	-224.8	-159.1	-224.8	-161.5	-4.9	-3.6	-3.5	-0.9
29	昆明	-68.6	-44.8	-54.9	-36.9	-98.8	-66.23	-88.6	-79.2	-149.1	-100.7	-153.3	-165.8	-68.6	-44.8	-54.9	-36.9	-4.3	-2.9	-3.4	-0.7
30	凉山(西昌)	-35.6	-11.41	17.6	-1.3	-96.2	-18.94	-32.1	-37.5	-355.4	-153.3	-125.5	-175.5	-125.8	-70.4	-41.4	-4.9	-6.1	-3	-0.9	0.3
31	大理	-18.9	-27.95	24.8	-37.8	-26.5	-21.94	3.2	-24	-404.4	-327.8	-234.7	-404.3	-156.4	-156.4	-46.9	-156.4	-4.7	-4	-2.2	0.7

表 6-9　基于融合数据计算的极端降水日指数对基于观测数据所得结果的差值（2015）

单位：d

序号	站名	CDD				CWD			
		CMPA-H	CMADS	GPM	TRMM	CMPA-H	CMADS	GPM	TRMM
1	伍道梁	-43	-5	10	-89	13	1	1	-6
2	托托河	10	23	114	32	12	1	4	-2
3	曲麻莱	11	2	56	-45	15	8	3	1
4	清水河	55	58	40	11	7	0	-1	-3
5	玉树	26	-14	29	-12	12	3	4	2
6	德格	-41	-5	1	-47	17	-1	4	-1
7	甘孜	-13	-13	5	-28	11	3	1	0
8	新龙	8	-59	9	-77	11	0	3	-1
9	巴塘	-75	-118	-97	-151	-1	3	1	-3
10	理塘	-56	31	25	-67	10	9	-1	0
11	德钦	6	-13	6	35	5	2	6	1
12	稻城	-2	-10	-2	-34	16	2	1	0
13	九龙	-30	-30	6	-47	6	5	8	0
14	迪庆（中甸）	-7	-7	-7	19	18	6	7	11
15	维西	7	3	19	24	15	-3	-2	8
16	木里	-35	-13	-13	-12	5	0	1	5
17	越西	-11	10	-12	12	4	4	2	0

续表

序号	站名	CDD				CWD			
		CMPA-H	CMADS	GPM	TRMM	CMPA-H	CMADS	GPM	TRMM
18	丽江	-1	-3	-1	-10	4	4	-2	-5
19	盐源	-29	-29	-12	-14	6	10	3	4
20	雷波	26	-2	4	34	-1	2	2	-2
21	昭觉	1	-14	-30	-28	1	0	1	-4
22	昭通	-20	-2	0	-19	1	1	1	0
23	华坪	-25	-1	-2	-1	2	2	2	0
24	会理	0	0	0	1	0	-1	3	-1
25	威宁	-7	-1	13	16	4	4	5	-1
26	会泽	-1	0	11	-1	4	3	5	0
27	元谋	-24	-7	-5	-3	3	1	4	5
28	楚雄	3	2	24	3	2	2	2	4
29	昆明	3	4	25	4	12	1	6	0
30	凉山（西昌）	2	2	-4	-35	1	5	-1	-1
31	大理	14	8	3	14	2	-1	5	0

表 6-10 基于融合数据计算的极端降水日指数对基于观测数据所得结果的差值（2016） 单位：d

序号	站名	CDD				CWD			
		CMPA-H	CMADS	GPM	TRMM	CMPA-H	CMADS	GPM	TRMM
1	伍道梁	-108	-84	29	-39	-4	-2	-2	-7
2	托托河	-109	-57	7	-45	0	0	0	2
3	曲麻莱	-26	-16	5	-80	1	1	2	-3
4	清水河	-38	-21	-3	-54	4	0	-1	-3
5	玉树	35	21	21	-24	-1	0	0	-4
6	德格	1	31	28	-18	-1	-1	-2	-3
7	甘孜	-23	-36	58	-12	-5	-6	-5	-11
8	新龙	-12	-12	46	-37	-3	-3	-3	-2
9	巴塘	-1	-1	-5	-97	0	0	2	-2
10	理塘	-84	-74	-5	-72	-8	-9	-4	-7
11	德钦	-14	-14	-10	-30	5	5	8	5
12	稻城	8	12	20	-15	0	-1	-1	-3
13	九龙	16	-7	28	-21	-9	-1	-9	-11
14	迪庆（中旬）	5	4	34	37	21	9	6	5
15	维西	-22	-22	-18	0	0	0	-4	-7
16	木里	-4	13	2	-49	4	4	27	15
17	越西	-8	0	-11	75	1	1	0	-1

续表

序号	站名	CDD				CWD			
		CMPA-H	CMADS	GPM	TRMM	CMPA-H	CMADS	GPM	TRMM
18	丽江	-1	-1	0	-44	8	2	2	-3
19	盐源	-26	-26	-5	-36	2	6	7	2
20	雷波	17	26	3	73	7	4	7	2
21	昭觉	22	22	23	31	1	2	0	0
22	昭通	20	20	6	80	11	6	9	6
23	华坪	32	32	-13	37	9	4	1	3
24	会理	-8	-22	0	32	0	1	2	6
25	威宁	25	0	27	70	7	3	3	0
26	会泽	4	4	7	5	7	2	1	2
27	元谋	-26	0	-30	32	3	0	1	1
28	楚雄	20	7	20	54	0	1	0	1
29	昆明	0	0	7	29	1	3	11	-2
30	凉山（西昌）	-32	-18	18	15	1	2	4	0
31	大理	-15	-15	7	7	8	4	5	3

CMPA-H、CMADS、GPM（IMERG）、TRMM 计算的指数值误差小于 1.5 mm/d 的站点数分别占总站点数的 55%、71%、84%、48%，在 2016 年分别占总数的 58%、65%、77%、68%，基于 CMADS 和 GPM（IMERG）数据计算的 SDⅡ 指数精度较高。在 2015 年，基于融合数据 CMPA-H、CMADS、GPM（IMERG）、TRMM 计算的 CWD 指数与基于观测数据计算的指数误差值小于 5 d 的站点占总站点数比例分别为 52%、87%、87%、90%，在 2016 年分别为 64%、84%、74% 和 74%。

从整个检验期内的表现来看，基于融合数据计算的极端降水指数值与基于观测数据计算的指数值相比，虽然部分指数值存在差异，也有个别指数（如 R99p）表现较差，但基于融合数据计算的大部分指数显示出其良好的一致性。从整体表现上看，数据集 CMPA-H、CMADS 与 GPM（IMERG）表现较好，TRMM（TMPA）表现略差。

6.1.3 极端气温指数的空间分布对比分析

基于观测数据与基于融合数据计算的极端气温指数结果差值见表 6-11~6-14，其空间分布见图 6-5。图中每个站点处有并列的 3 个柱状图，其分别代表基于观测数据、0.5°网格温度融合数据、CMADS 计算的极端气温指数。

以 2015 年雷波站的年极端高温指数 TXx 及 2016 年托托河站的年极端低温指数 TNn 为例，基于观测数据计算的 TXx 为 33.7 ℃，基于融合数据集 0.5°网格数据和 CMADS 数据计算的 TXx 分别为 34.9 ℃ 和 33.31 ℃。基于观测数据计算的 TNn 为 -27.2 ℃，基于融合数据集 0.5°网格数据和 CMADS 数据计算的 TNn 分别为 -29.5 ℃ 和 -28.75 ℃。以玉树站 2015 年结冰日数 ID0 和 2016 年霜冻日数 FD0 为例，基于观测数据计算的 ID0 值为 21 d，基于融合数据集 0.5°网格数据及 CMADS 数据计算的 ID0 分别为 64 d、29 d。基于观测数据计算的 FD0 为 207 d，基于融合数据集 0.5°网格数据和 CMADS 数据计算的 FD0 分别为 124 d 和 206 d。

对 31 个气象站点基于融合数据所得的极端气温指数与基于观测数据所得指数进行偏差分析，结果差值见表 6-11~6-14。可以看出，在 2015 年基于 0.5°网格气温计算的 TXx、TXn、TNx、TNn 与基于观测数据计算的误差值小于 5 ℃ 的站点分别有 20 个、21 个、21 个、20 个。基于 CMADS 数据计算的 TXx、TXn、TNx、TNn 与基于观测数据计算的误差值小于 5 ℃ 的站点分别有 29 个、26 个、30 个、27 个，在 2016 年各融合数据误差值与上述表现类似。在 2 年检验期内，基于 0.5°网格气温、CMADS 数据集计算的 TXx 与观测数据计算误差值小于 3 ℃ 的站点分别占总站点数的 48% 和

84%,基于融合数据计算的TXn、TNx、TNn与基于观测数据计算的指数误差值小于3 °C的站点分别占总站点数的45%、81%、48%和77%、48%、77%。基于2种融合气温数据计算的ID0误差值小于10 d的站点数量基本相同。就整体而言,CMADS温度数据集误差值相对较小。

从代表站在全研究期内表现来看,地面气象站点对应的网格融合气温极值指数值与基于观测数据计算的指数中,特别是TXx及TNn指数吻合度较好,融合数据在此2个指数计算中适用性可接受。极端气温日指数次之,其余2个指数计算效果较差。CMADS数据集的温度数据集表现与气象站点温度数据吻合度更好,精度更高。

表6-11 基于融合数据计算的气温极值指数对基于观测数据所得结果的差值(2015)

单位:°C

序号	站名	TXx		TXn		TNx		TNn	
		0.5°网格	CMADS	0.5°网格	CMADS	0.5°网格	CMADS	0.5°网格	CMADS
1	伍道梁	-0.5	-0.3	0.9	1.2	-0.7	0	-0.3	2.7
2	托托河	-2.8	-2.27	1	-0.11	-1.3	-1.25	-1.1	0.55
3	曲麻莱	-2.3	-0.01	-2.9	-0.14	-3.1	-1.6	-2.7	-0.32
4	清水河	-0.1	-1.31	6.9	1.79	-1.1	-1.4	8.4	2.26
5	玉树	-5.8	-0.72	-7.2	-2.6	-4.3	-0.47	-4.7	-1.01
6	德格	-8.5	1.24	-13.5	-8.77	-7.3	0.3	-12.5	-7.47
7	甘孜	-9.3	-2.09	-10.7	-2.54	-8.8	-2.39	-11	-1.59
8	新龙	-10.7	-8.4	-9.1	-6.11	-5.8	-7.38	-6.2	-2.9
9	巴塘	-14.8	0.48	-14.6	-1.69	-12.8	0.08	-13.8	-0.79
10	理塘	-3.8	-2.61	-3.7	-2.04	-4.2	-3.01	-5.2	-5.41
11	德钦	-1	-2.61	-1	-3.19	-0.7	-1.3	0.3	2.17
12	稻城	6.1	0.97	1.5	0.45	4.4	0.08	10.3	3.43
13	九龙	-0.1	-3.17	-3.4	-5.31	0.2	-3.87	1.4	-7.55
14	迪庆(中甸)	3.7	-1.94	-0.5	-1.6	2.6	-2.19	12	6.22
15	维西	-12.3	-0.02	-7.3	0.92	-8.4	0.21	-8.7	1.45
16	木里	-2	-4.55	-7.7	-8.21	-1.1	-3.76	-1.3	-3.26
17	越西	-9.5	0.55	-1.8	0.2	-6.7	1.03	-4.9	2.87
18	丽江	-8	-0.55	-4.6	-2.56	-7.3	0.79	-6.6	0.82

续表

序号	站名	TXx		TXn		TNx		TNn	
		0.5°网格	CMADS	0.5°网格	CMADS	0.5°网格	CMADS	0.5°网格	CMADS
19	盐源	2.9	-5.67	-2.7	-6.29	3	-3.55	2.7	-4.5
20	雷波	1.2	-0.39	-1.6	-0.63	-1.3	-1.27	-1.1	-1.3
21	昭觉	1.3	-1.36	0.5	-2.32	2.8	-0.83	3.2	-0.72
22	昭通	-3.5	-1.4	-1.2	-1.22	-3.5	-0.73	-1.6	-0.35
23	华坪	-8.1	0.17	-9.9	-1.89	-8.4	-0.95	-5.2	2.46
24	会理	-0.8	2.64	-4.9	-1.04	-1.4	2.76	-1.1	1.57
25	威宁	1.8	-1.15	2.4	-0.89	0.5	-1.46	2.9	0.15
26	会泽	-2.3	3.53	1.1	0.52	-2.9	4.32	0.8	2.62
27	元谋	-7.7	1.74	-8.9	-0.96	-6.8	2.98	-3.2	1
28	楚雄	-2.7	-1.35	-2.5	1.57	-3.3	-1.22	-2	-1.82
29	昆明	1.6	2.69	-3.5	1.43	0.3	3.47	1.7	2.59
30	凉山（西昌）	-4.5	-1.39	-5	-0.02	-5.8	-0.8	-4.7	-0.64
31	大理	-4.5	1.42	-3.9	-0.74	-2.9	0.51	-2.7	-2.19

表 6-12　基于融合数据计算的气温极值指数对基于观测数据所得结果的差值（2016）

单位：℃

序号	站名	TXx		TXn		TNx		TNn	
		0.5°网格	CMADS	0.5°网格	CMADS	0.5°网格	CMADS	0.5°网格	CMADS
1	伍道梁	-0.2	0	0.6	-0.3	-0.8	-0.7	0.9	1.6
2	托托河	-3.4	-0.92	-1.1	-1.46	-3.2	-2.05	-2.3	-1.55
3	曲麻莱	-2.5	0.41	-0.8	-0.26	-3.3	0.18	3.7	1.22
4	清水河	-0.6	-0.66	0.9	-1.31	-3.1	-1.16	6.6	-0.22
5	玉树	-5.4	1	-5.5	-0.14	-6.2	0.23	-1.8	1.43
6	德格	-8.8	-0.57	-8.5	-1.73	-8.2	-1.22	-10.4	-1.54
7	甘孜	-9.1	-2.91	-6	-1.66	-9.9	-4.14	-7.7	-1.63
8	新龙	-8.6	-8.68	-6.3	-7.66	-7	-7.33	-4.9	-3.21
9	巴塘	-11.6	1.77	-12.7	-1.37	-11.3	1.4	-11.7	-1.28
10	理塘	-4.1	-4.13	-3.8	-4.94	-5.1	-2.11	-2.9	-6.46

续表

序号	站名	TXx		TXn		TNx		TNn	
		0.5°网格	CMADS	0.5°网格	CMADS	0.5°网格	CMADS	0.5°网格	CMADS
11	德钦	-1.7	2.14	1.8	1.01	-1.7	0.41	1.7	1.7
12	稻城	4.1	1.05	1.8	2.4	2.1	1.91	9.6	3.11
13	九龙	-0.5	-4.43	-1.4	-3.57	-0.7	-4.76	2.9	-7.6
14	迪庆（中甸）	3.5	0.11	-0.6	-1.71	2.8	-0.66	11.5	1.73
15	维西	-11.6	0.52	-5.5	1.45	-8.3	-0.39	-5.5	-2.29
16	木里	-0.5	-3.28	-8.5	-6.26	-0.9	-3.75	0.2	-7.56
17	越西	-10.2	0.65	-0.5	1.93	-9.5	-1.49	-1.8	1.86
18	丽江	-6	-0.54	-4	-2.21	-7.1	-1.52	-2	2.33
19	盐源	3.6	-5.79	-4	-10.56	1.5	-7.2	7.3	-5.26
20	雷波	1.2	0.73	0.3	1.1	-2.4	-0.7	2.4	1.73
21	昭觉	0.7	-0.81	3.9	-0.09	1.3	-1.77	9.6	0.62
22	昭通	-4.5	-0.26	2.8	-1.16	-3.8	-0.59	1.1	-1.17
23	华坪	-7.2	3.1	-6.7	0.83	-6.5	2.95	-1.6	2.31
24	会理	-1.9	-0.16	-3.1	0.25	-1.7	1.51	3.5	2.21
25	威宁	1.9	-0.86	6.7	-1.38	-0.3	-2.39	5.9	-1.57
26	会泽	-1.5	2.58	4.1	3.38	-2.3	2.99	5.3	3.7
27	元谋	-6.1	0.54	-7.5	-0.12	-7.8	0.73	-2.2	2.11
28	楚雄	-3.8	-0.64	0.1	-2.63	-3	-1.8	2.8	-0.87
29	昆明	2	3.42	0.6	4.28	0.4	2.88	4.5	4.3
30	凉山（西昌）	-5.8	-2	-5.2	-3.29	-5.8	-1.47	1.3	-1.53
31	大理	-3.9	1.49	-3.5	-2.43	-3.4	-0.57	-0.1	-3.2

表 6-13 基于融合数据计算的极端气温日指数对基于观测数据所得结果的差值（2015）

单位：d

序号	站名	FD0		ID0	
		0.5°网格	CMADS	0.5°网格	CMADS
1	伍道梁	-10	4	3	19
2	托托河	5	25	20	28

续表

序号	站名	FD0		ID0	
		0.5°网格	CMADS	0.5°网格	CMADS
3	曲麻莱	13	-8	15	-4
4	清水河	-18	22	-8	23
5	玉树	56	8	43	8
6	德格	94	11	36	6
7	甘孜	99	42	46	11
8	新龙	50	77	16	12
9	巴塘	143	7	19	0
10	理塘	39	43	12	15
11	德钦	-3	2	-1	1
12	稻城	-68	0	-4	-3
13	九龙	-20	75	0	2
14	迪庆（中甸）	-68	40	0	2
15	维西	137	-8	3	0
16	木里	37	71	0	1
17	越西	103	-8	0	0
18	丽江	104	-5	1	0
19	盐源	-34	78	0	4
20	雷波	3	8	0	0
21	昭觉	-42	19	-1	3
22	昭通	18	16	3	4
23	华坪	23	0	0	0
24	会理	9	-8	0	0
25	威宁	-16	21	-4	8
26	会泽	10	-14	0	1
27	元谋	4	0	0	0
28	楚雄	8	12	0	0
29	昆明	-5	-6	0	0
30	凉山（西昌）	32	0	0	0
31	大理	47	21	0	0

表 6-14 基于融合数据计算的极端气温日指数对基于观测数据所得结果的差值（2016）

单位：d

序号	站名	FD0		ID0	
		0.5°网格	CMADS	0.5°网格	CMADS
1	伍道梁	-173	-1	-68	-1
2	托托河	-148	12	-38	20
3	曲麻莱	-131	-1	-24	11
4	清水河	-166	13	-51	19
5	玉树	-83	-1	10	9
6	德格	-32	9	15	2
7	甘孜	-24	52	10	9
8	新龙	-47	86	10	38
9	巴塘	36	7	8	0
10	理塘	-69	49	5	28
11	德钦	-64	-34	0	1
12	稻城	-123	-11	-1	-1
13	九龙	-69	65	0	4
14	迪庆（中甸）	-126	15	0	1
15	维西	33	-5	0	0
16	木里	-9	80	0	0
17	越西	30	-26	1	-1
18	丽江	26	-13	0	0
19	盐源	-55	106	0	9
20	雷波	-7	0	-1	-1
21	昭觉	-50	20	-4	1
22	昭通	-22	22	1	10
23	华坪	0	0	0	0
24	会理	-15	-12	0	0
25	威宁	-28	37	-10	10
26	会泽	-14	-21	-2	0
27	元谋	0	0	0	0
28	楚雄	-3	14	-1	0
29	昆明	-6	-5	-1	-1
30	凉山（西昌）	2	4	0	0
31	大理	-7	24	0	0

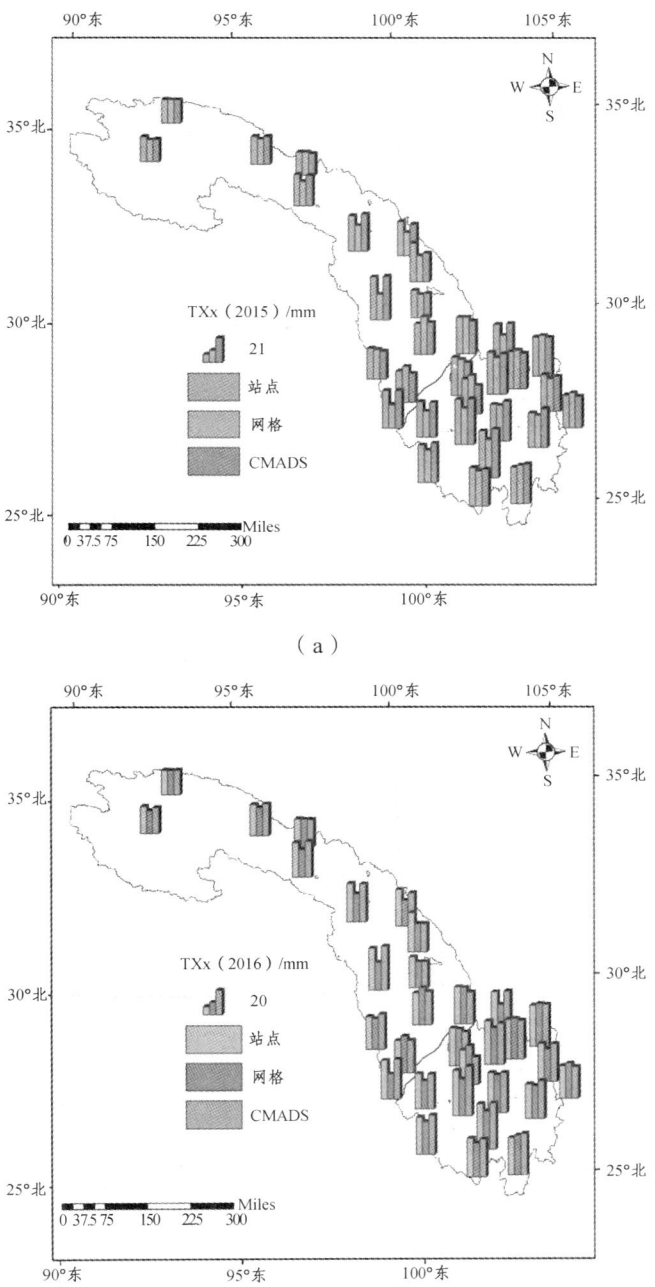

(a)

(b)

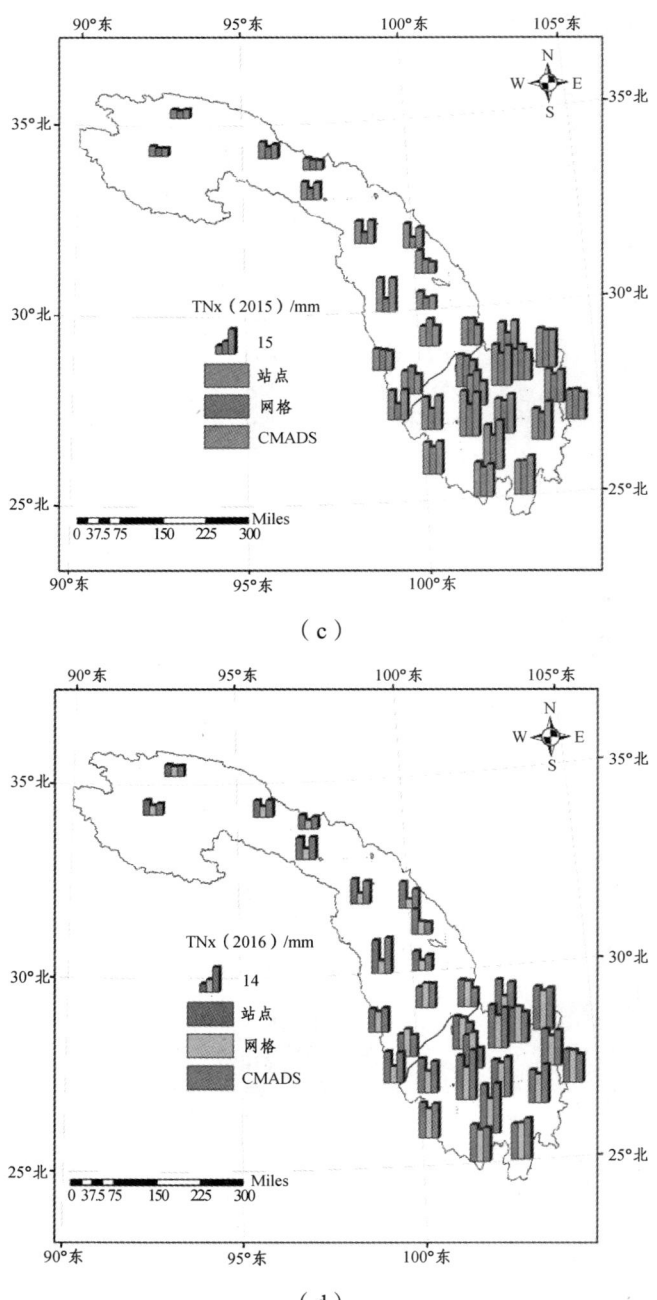

(c)

(d)

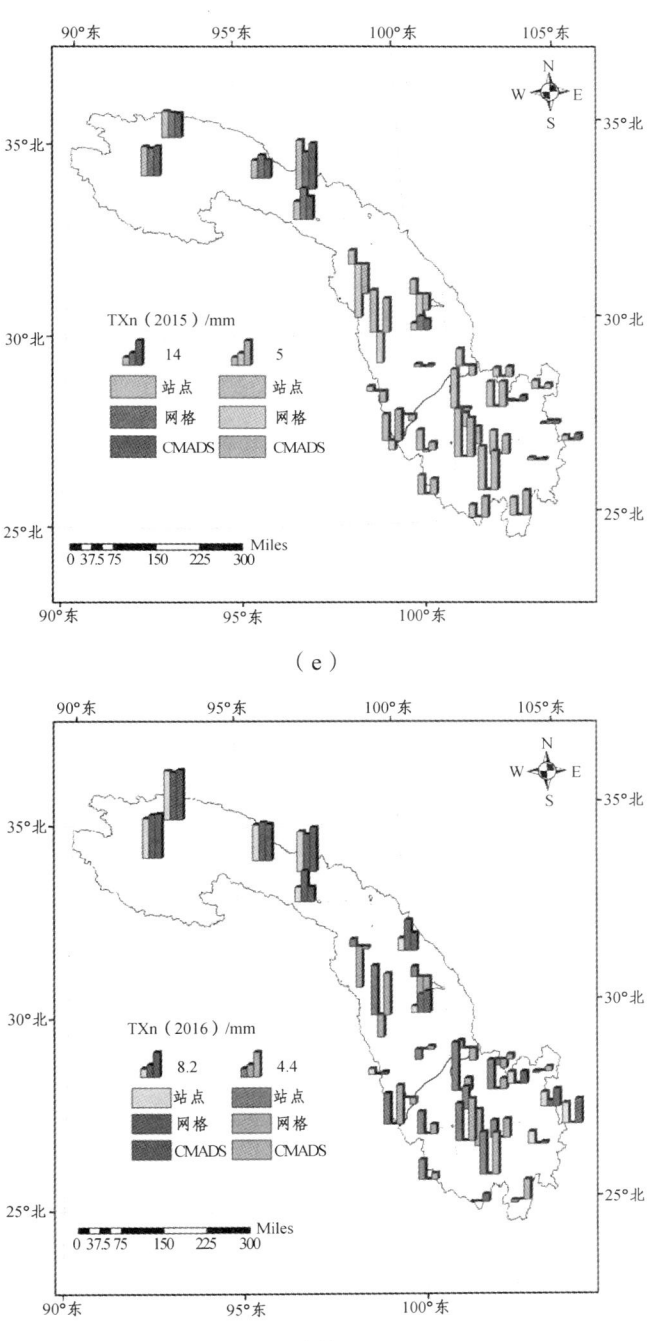

(e)

(f)

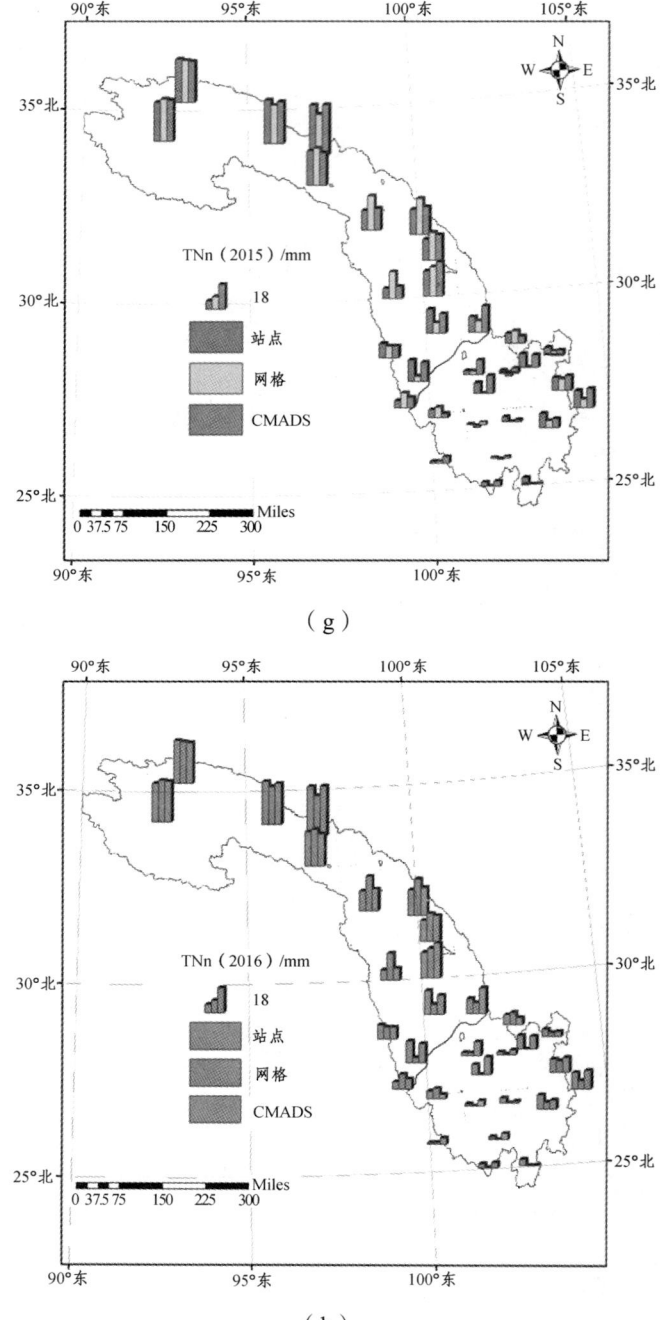

(g)

(h)

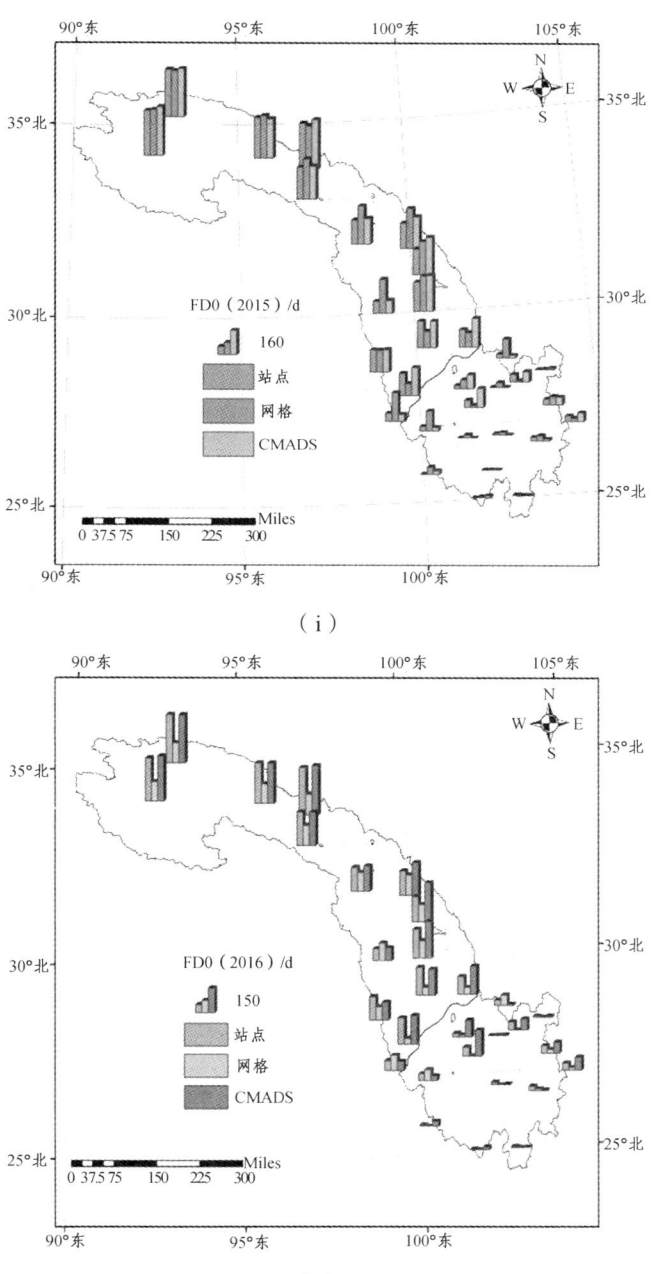

(i)

(j)

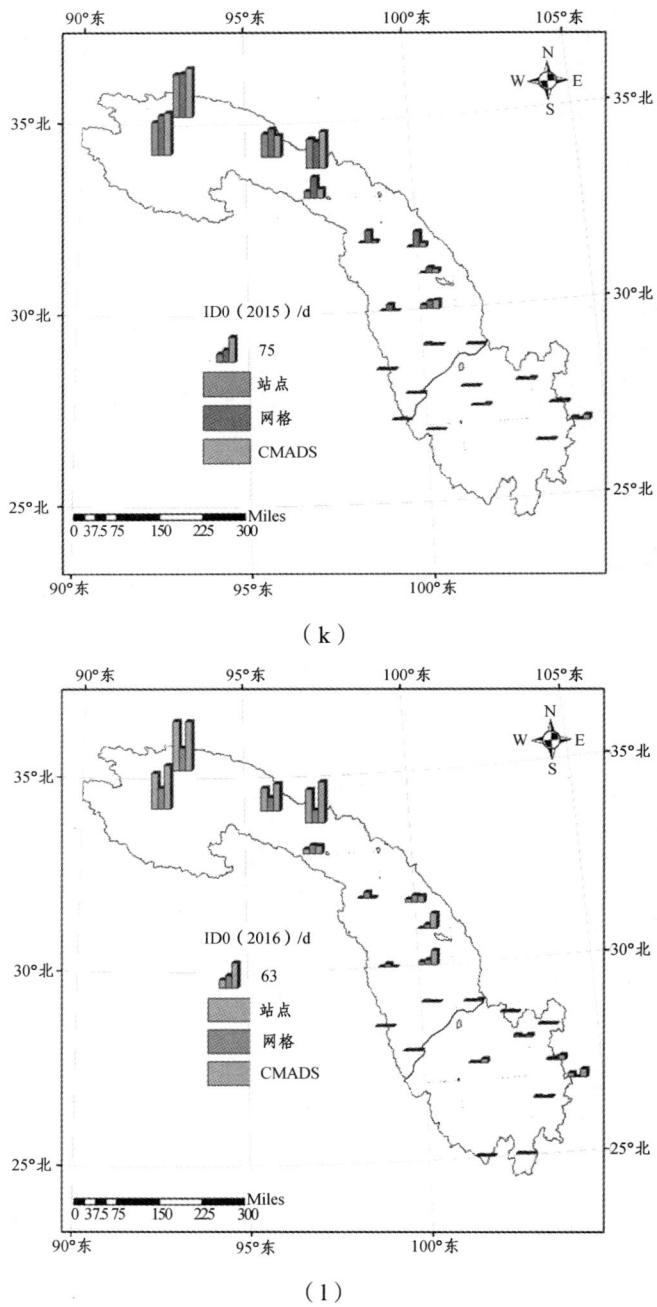

图 6-5 极端气温指数对比分析空间分布

6.2 融合数据下流域极端气候指数评价分析

前面评价了各站点基于融合数据计算的极端气候指数与基于观测数据计算结果的误差和适用性，下面就流域尺度下基于融合数据计算的极端气候指数与基于观测数据计算结果的误差进行分析。如前所述，将按照上游子流域、下游子流域和全流域进行评价。首先，在流域范围内评价基于融合数据计算的极端降水指数及极端气温指数与基于观测数据计算结果的一致性，然后计算各数据集（包括观测数据）下日尺度的流域平均降水量及流域平均气温值，据此计算极端气候指数，分析运用融合数据所得结果与运用观测数据所得结果的误差及适用性。

6.2.1 流域极端降水指数分析

流域范围内基于各融合数据集（包括观测数据）计算的极端降水指数的最大值、最大值所在站点及与观测数据最大值计算结果的偏差见表 6-15～6-18。各数据集计算结果对比见图 6-6 和图 6-7。基于融合数据计算的流域平均极端降水指数与基于观测数据计算结果的相对偏差见表 6-19。

结合表 6-15～6-18 可以看出，基于融合数据集一部分计算结果与观测数据计算结果一致性较好。例如：2015 年基于融合数据计算的 RX1day 在上游子流域中与基于观测数据计算结果偏差最小的为 CMPA-H，其次为 CMADS。CMADS、GPM（IMERG）、TRMM 等 3 种融合数据计算结果的最大值同时出现在九龙站，基于观测数据计算结果中最大值出现在与九龙站相邻的稻城站；在下游子流域中基于 CMADS 数据集计算的 RX1day 最大值出现在越西站，与基于观测数据计算的结果一致，且其最大值偏差为 4.3 mm，相对较小。2016 年基于观测数据计算的 RX5day 在上游子流域中最大值出现在维西站，CMPA-H、CMADS、GPM（IMERG）、TRMM 计算结果中最大值分别出现在九龙站、德钦站和理塘站。2015 年基于观测数据计算的 CWD 在下游子流域中的最大值出现在丽江站，基于 CMADS 计算的 CWD 最大值站点与基于观测数据计算的站点一致，且基于融合数据集与基于观测数据计算的最大值误差 CMPA-H 为 6 d、CMADS 为 4 d、GPM（IMERG）为 2 d、TRMM 为 4 d，误差值较小。

基于融合数据计算的极端降水指数与基于观测数据计算结果也存在偏差。结合图 6-6 和图 6-7 可以看出，基于融合数据计算的极端降水存在的偏差中，在上游子流域中大部分值大于基于观测数据计算结果，在下游子流域中大部分值小于基于观测数据计算结果。以极端降水量指数［见图 6-6（a）和图 6-6（b）］为例，可以看出上游子流域中代表基于融合数据计算的极端降水量指数的柱高高于观测数据计算的结果，下游子流域基于融合数据计算结果的偏差值大部分小于基于观测数据计算的结果。对此进行分析，第一，地面气象站点在整个流域范围内仅有 31 个，布设较稀疏，如果研究流域内有更多的地面气象站点，甚至有与网格融合数据对应的 910 个，在表现流域空间降水分布时定会与现在的数值有所差异；第二，网格融合数据虽在流域范围内数据网格连续，在未经过地面气象站点校正的网格中可能会出现个别网格偏离的融合数据本身误差使其对极端降水指数的识别有一定误差。但结合本章第 1 节适用性分析的结果，基于融合数据计算的极端降水指数值与基于观测数据计算的数值相比表现良好，具有一定精度，考虑极端降水指数空间分布特点的前提下，基于观测数据计算的极端降水指数分别在相对干燥和湿润的上、下游子流域中可能会有一定的低估或高估的情况。有理由认为空间分布连续的融合数据可能纠正一部分这种低估或者高估。极端降水日指数与之规律类似。

在 2 年检验期内，对于 31 个气象站点基于融合数据与基于观测数据计算的极端降水指数的误差进行综合分析。从表 6-19 中可以看出，与基于观测数据所得的极端降水指数相比较，基于融合数据所得的极端降水指数相对整体偏差较小，相对误差在±3%范围内。

因此，综合考虑地面站点处融合数据的精度及其能够表现空间分布特征的特点，可以利用基于融合数据识别的特征指数进行整个流域范围内的极端气候特征分析。特别是对于缺少资料甚至没有资料的局部地区，利用融合数据识别计算极端气候特征具有一定的可行性。

表 6-15 流域内极端降水指数最大值及所在站点（2015）

极端降水指数	最大值、出现站点及偏差	上游子流域					下游子流域				
		观测数据	CMPA-H	CMADS	GPM	TRMM	观测数据	CMPA-H	CMADS	GPM	TRMM
RX1day（2015）	最大值/mm	43.2	52	54.61	59.6	74.3	125.3	68	129.61	87.5	129
	出现站点	稻城	巴塘	九龙	九龙	九龙	越西	大理	越西	越西	雷波
	偏差/mm	—	8.8	11.41	16.4	31.1	—	-57.3	4.31	-37.8	3.7
RX5day（2015）	最大值/mm	95.9	111.2	121.5	113.7	151.9	235.9	160.4	161.4	196.6	187
	出现站点	新龙	新龙	九龙	九龙	稻城	华坪	盐源	会理	盐源	盐源
	偏差/mm	—	15.3	25.6	17.8	56	—	-75.5	-74.5	-39.3	-48.9
R95p（2015）	最大值/mm	247.9	282.8	341.2	282.7	301.8	465.2	331.1	399.9	360.7	349.6
	出现站点	甘孜	九龙	稻城	九龙	九龙	昆明	越西	越西	会理	木里
	偏差/mm	—	34.9	93.3	34.8	53.9	—	-134.1	-65.3	-104.5	-115.6
R99p（2015）	最大值/mm	102.6	128.7	247	107.8	122.7	343.1	111.7	180.3	145.4	145.6
	出现站点	甘孜	九龙	稻城	九龙	九龙	昆明	楚雄	越西	昭觉	昭觉
	偏差/mm	—	26.1	144.4	5.2	20.1	—	-231.4	-162.8	-197.7	-197.5
SDII（2015）	最大值/(mm/d)	8.2	7	13.1	8.3	9.6	17	10.1	12.5	12	14.1
	出现站点	稻城	稻城	理塘	九龙	九龙	华坪	元谋	会理	楚雄	雷波
	偏差/(mm/d)	—	-1.2	4.9	0.1	1.4	—	-6.8	-4.5	-5	-2.9

表 6-16 流域内极端降水指数最大值及所在站点（2016）

极端降水指数	最大值、出现站点及偏差	上游子流域 观测数据	CMPA-H	CMADS	GPM	TRMM	下游子流域 观测数据	CMPA-H	CMADS	GPM	TRMM
RX1day (2016)	最大值/mm	50.5	62.6	69.22	55.2	63.6	112.9	80.9	95.24	109.5	91.4
	出现站点	维西	理塘	理塘	德格	稻城	昆明	雷波	华坪	大理	昭通
	偏差/mm	—	12.1	18.72	4.7	13.1	—	-32	-17.66	-3.4	-21.5
RX5day (2016)	最大值/mm	101.4	108.8	120.79	106.4	134.7	194	144.5	144.43	144.5	160.5
	出现站点	维西	九龙	维西	德钦	理塘	昆明	元谋	木里	元谋	雷波
	偏差/mm	—	7.4	19.39	5	33.3	—	-49.5	-49.57	-49.5	-33.5
R95p (2016)	最大值/mm	336	236.9	291.9	292	198.8	551.3	340.3	381.3	309.6	290.7
	出现站点	维西	理塘	维西	维西	巴塘	会理	华坪	华坪	凉山（西昌）	楚雄
	偏差/mm	—	-99.1	-44.1	-44	-137.2	—	-211	-170	-241.7	-260.6
R99p (2016)	最大值/mm	117.1	119.8	109.5	84.9	77	224.8	135.8	176	109.5	120.9
	出现站点	理塘	理塘	维西	新龙	巴塘	楚雄	雷波	华坪	大理	凉山（西昌）
	偏差/mm	—	2.7	-7.6	-32.2	-40.1	—	-89	-48.8	-115.3	-103.9
SDⅡ (2016)	最大值/(mm/d)	10.1	8.4	8.9	7.8	9.4	18.3	11.4	13.9	10.7	14.1
	出现站点	维西	稻城	维西	维西	九龙	华坪	华坪	华坪	华坪	雷波
	偏差/(mm/d)	—	-1.7	-1.2	-2.3	-0.7	—	-6.9	-4.4	-7.3	-4.2

表6-17 流域内极端降水日指数最大值及所在站点（2015）

极端降水日指数	最大值、出现站点及偏差	上游子流域					下游子流域				
		观测数据	CMPA-H	CMADS	GPM	TRMM	观测数据	CMPA-H	CMADS	GPM	TRMM
CDD（2015）	最大值/d	201	126	152	172	90	82	77	75	77	71
	出现站点	巴塘	巴塘	理塘	托托河	托托河	木里	丽江	丽江	丽江	雷波
	偏差/d	—	-75	-49	-29	-111	—	-5	-7	-5	-11
CWD（2015）	最大值/d	12	25	21	17	18	12	18	16	14	10
	出现站点	理塘	维西	理塘	九龙	维西	丽江	昆明	丽江	大理	无谋
	偏差/d	—	13	9	5	6	—	6	4	2	4

表6-18 流域内极端降水日指数最大值及所在站点（2016）

极端降水日指数	最大值、出现站点及偏差	上游子流域					下游子流域				
		观测数据	CMPA-H	CMADS	GPM	TRMM	观测数据	CMPA-H	CMADS	GPM	TRMM
CDD（2016）	最大值/d	190	132	142	202	145	83	82	95	87	129
	出现站点	托托河	曲麻莱	曲麻莱	伍道梁	托托河	盐源	华坪	木里	凉山（西昌）	越西
	偏差/d	—	-58	-48	12	-45	—	-1	12	4	46
CWD（2016）	最大值/d	22	28	21	14	12	11	19	14	37	25
	出现站点	九龙	迪庆（中旬）	九龙	德钦	迪庆（中旬）	丽江	丽江	木里	木里	木里
	偏差/d	—	6	-1	-8	-10	—				

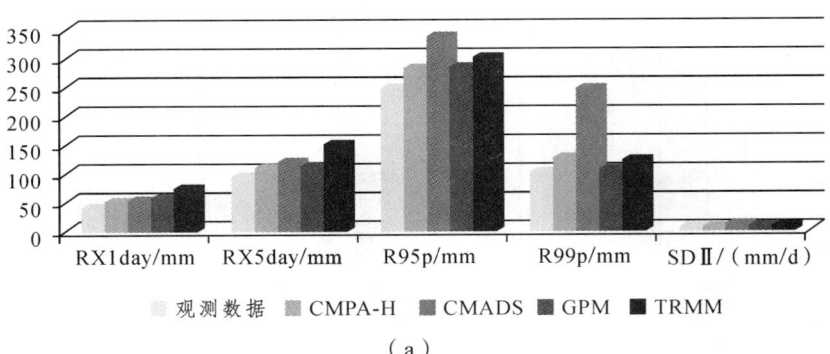

(a)

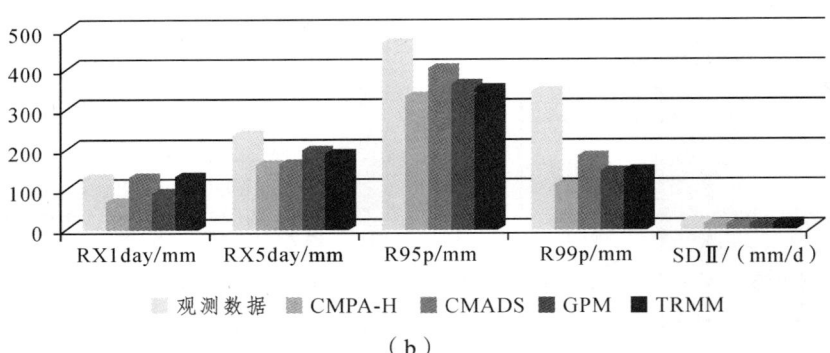

(b)

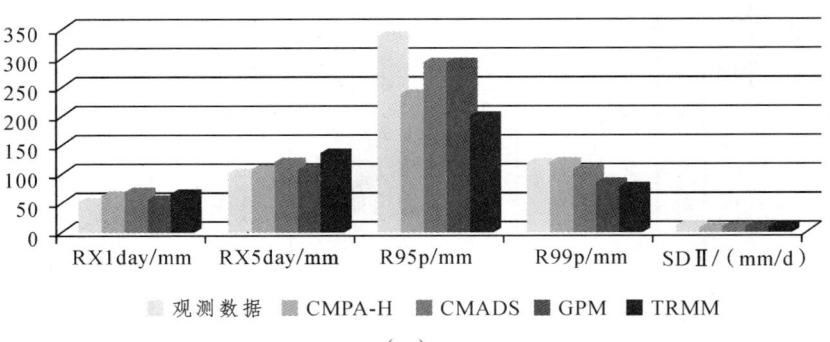

(c)

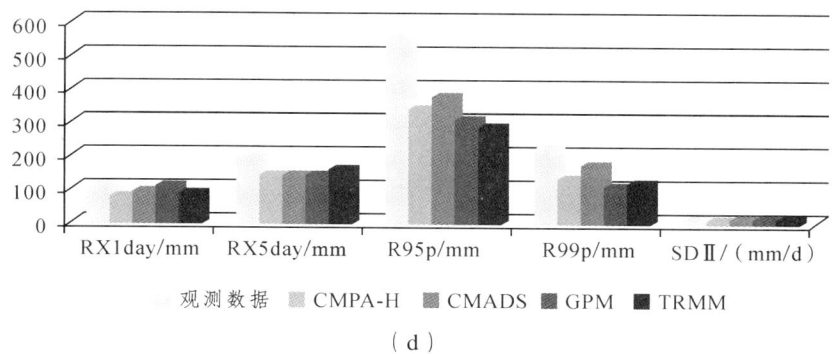

(d)

图 6-6 基于各数据集流域极端降水量指数最大值对比

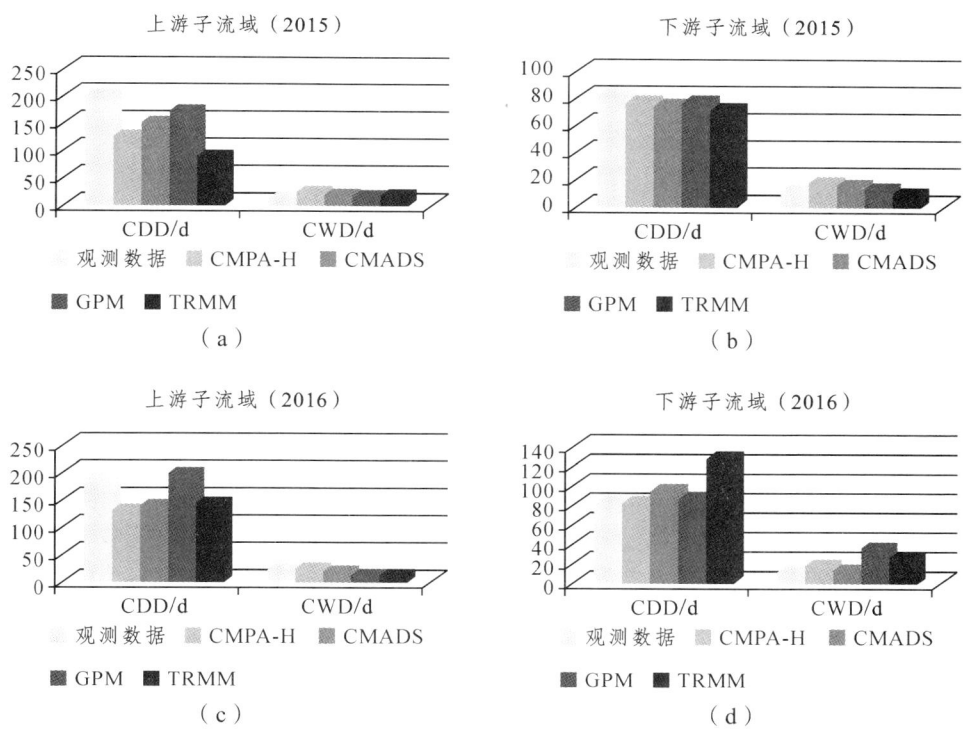

图 6-7 基于各数据集极端降水日指数最大值对比

表 6-19　流域范围内基于融合数据计算的极端降水指数与基于观测数据所得结果的相对偏差

BIAS	CMPA-H	CMADS	GPM	TRMM
RX1day	−1.17%	−0.16%	−0.08%	−0.20%
RX5day	−0.65%	−0.16%	0.12%	0.18%
R95p	−0.88%	−0.16%	0.30%	−0.24%
R99p	−0.83%	0.32%	0.41%	0.18%
SDⅡ	−2.37%	−1.98%	−1.84%	−1.33%
CDD	−0.27%	−0.11%	0.80%	0.28%
CWD	2.48%	1.01%	1.28%	0.02%

6.2.2　流域极端气温指数分析

流域范围内基于各融合数据集（包括观测数据）计算的极端气温指数的最大值、最大值所在站点及与观测数据最大值计算结果的偏差，以及极端气温指数的最小值、最小值所在站点与观测数据最小值计算结果的偏差见表 6-20 ~ 6-23。各数据集计算结果对比见图 6-8 ~ 6-10。基于融合数据计算的流域平均极端气温指数与基于观测数据计算结果的相对偏差见表 6-24。

结合表 6-20 ~ 6-23 可以看出，在流域范围内基于 CMADS 融合数据集计算的极端气温指数最大值所在站点与基于观测数据计算结果全部一致，且最大值误差都在 3 ℃ 以内。以最高气温最大值 TXx 为例，2015 年上游子流域基于观测数据计算的 TXx 为 37 ℃，出现在巴塘站。基于 CMADS 融合数据集计算的结果为 37.48 ℃，该气温最大值也出现在巴塘站。基于 0.5°网格温度数据集计算的 TXx 出现在与巴塘站相邻的稻城站，其与基于观测数据计算的结果差值为 4.8 ℃，表现不如 CMADS 融合数据集。下游子流域中基于观测数据计算的极端气温最大值出现在元谋站，基于 CMADS 融合数据集计算的结果与此一致，计算结果的差值为 1.74 ℃，CMADS 融合数据集在极端气温指数的计算中表现良好。同时，结合图 6-8 ~ 6-10，流域范围内基于融合数据集 CMADS 计算的极端气温最小值及所在站点与基于观测数据计算的结果一致性仍然较高，基于融合数据集计算的极端气温日指数及其所在站点与基于观测数据计算的结果也相类似。

在 2 年检验期内，对于 31 个气象站点基于融合数据所得的极端气温指数与基于观测数据所得的结果进行偏差分析，从计算结果偏差表（见表 6-24）可以看出，与基于观测数据所得的极端气温指数相比较，基于 CMADS 融合数据所得的极端气温指数的偏差更小，最低偏差为 0.15%。就整体而言，CMADS 数据集的气温数据集表现出较高精度。

表 6-20 流域内极端气温极值指数最大（小）值及所在站点（2015 年）

极端气温极值指数	最大（小）值、出现站点及偏差	上游子流域			下游子流域		
		观测数据	0.5°网格温度	CMADS	观测数据	0.5°网格温度	CMADS
TXx（2015）	最大值/°C	37	32.5	37.48	40.6	34.9	42.34
	出现站点	巴塘	稻城	巴塘	元谋	雷波	元谋
	偏差/°C	—	-4.5	0.48	—	-5.7	1.74
TXn（2015）	最小值/°C	-27.3	-20.4	-25.51	-2.8	-1.8	-3.69
	出现站点	清水河	清水河	清水河	威宁	昭通	威宁
	偏差/°C	—	6.9	1.79	—	1	-0.89
TNx（2015）	最大值/°C	20.6	16.7	20.68	28.3	22.9	30.68
	出现站点	巴塘	迪庆（中甸）	巴塘	华坪	雷波	元谋
	偏差/°C	—	-3.9	0.08	—	-5.4	2.38
TNn（2015）	最小值/°C	-45.9	-37.5	-43.64	-6.7	-10.7	-9.3
	出现站点	清水河	清水河	清水河	威宁	丽江	盐源
	偏差/°C	—	8.4	2.26	—	-4	-2.6

表 6-21 流域内极端气温极值指数最大（小）值及所在站点（2016 年）

极端气温极值指数	最大（小）值、出现站点及偏差	上游子流域			下游子流域		
		观测数据	0.5°网格温度	CMADS	观测数据	0.5°网格温度	CMADS
TXx（2016）	最大值/°C	34.6	30.2	36.37	37.5	34.8	40.6
	出现站点	巴塘	稻城	巴塘	华坪	雷波	华坪
	偏差/°C	—	-4.4	1.77	—	-2.7	3.1
TXn（2016）	最小值/°C	-16	-15.4	-16.3	-6.7	-1.9	-8.08
	出现站点	伍道梁	伍道梁	伍道梁	威宁	昭通	威宁
	偏差/°C	—	0.6	-0.3	—	4.8	-1.38

续表

极端气温极值指数	最大（小）值、出现站点及偏差	上游子流域			下游子流域		
		观测数据	0.5°网格温度	CMADS	观测数据	0.5°网格温度	CMADS
TNx（2016）	最大值/°C	18.1	15.3	19.5	27.2	21.7	27.93
	出现站点	巴塘	迪庆（中甸）	巴塘	元谋	雷波	元谋
	偏差/°C	—	-2.8	1.4	—	-5.5	0.73
TNn（2016）	最小值/°C	-34.8	-29.6	-35.02	-11.7	-8.7	-13.27
	出现站点	清水河	伍道梁	清水河	威宁	木里	威宁
	偏差/°C	—	5.2	-0.22	—	3	-1.57

表 6-22　流域内极端气温日指数最大值及所在站点（2015 年）

极端气温日指数	最大值、出现站点及偏差	上游子流域			下游子流域		
		观测数据	0.5°网格温度	CMADS	观测数据	0.5°网格温度	CMADS
FD0（2015）	最大值/d	317	307	328	51	136	126
	出现站点	伍道梁	伍道梁	清水河	昭觉	丽江	盐源
	偏差/d	—	-10	11	—	85	75
ID0（2015）	最大值/d	130	133	149	5	4	13
	出现站点	伍道梁	伍道梁	伍道梁	威宁	昭通	威宁
	偏差/d	—	3	19	—	-1	8

表 6-23　流域内极端气温日指数最大值及所在站点（2016 年）

极端气温日指数	最大值、出现站点及偏差	上游子流域			下游子流域		
		观测数据	0.5°网格温度	CMADS	观测数据	0.5°网格温度	CMADS
FD0（2016）	最大值/d	299	130	309	55	68	161
	出现站点	伍道梁	清水河	清水河	盐源	丽江	盐源
	偏差/d	—	-169	10	—	13	106
ID0（2016）	最大值/d	125	57	124	10	3	20
	出现站点	伍道梁	伍道梁	伍道梁	威宁	昭通	威宁
	偏差/d	—	-68	-1	—	-7	10

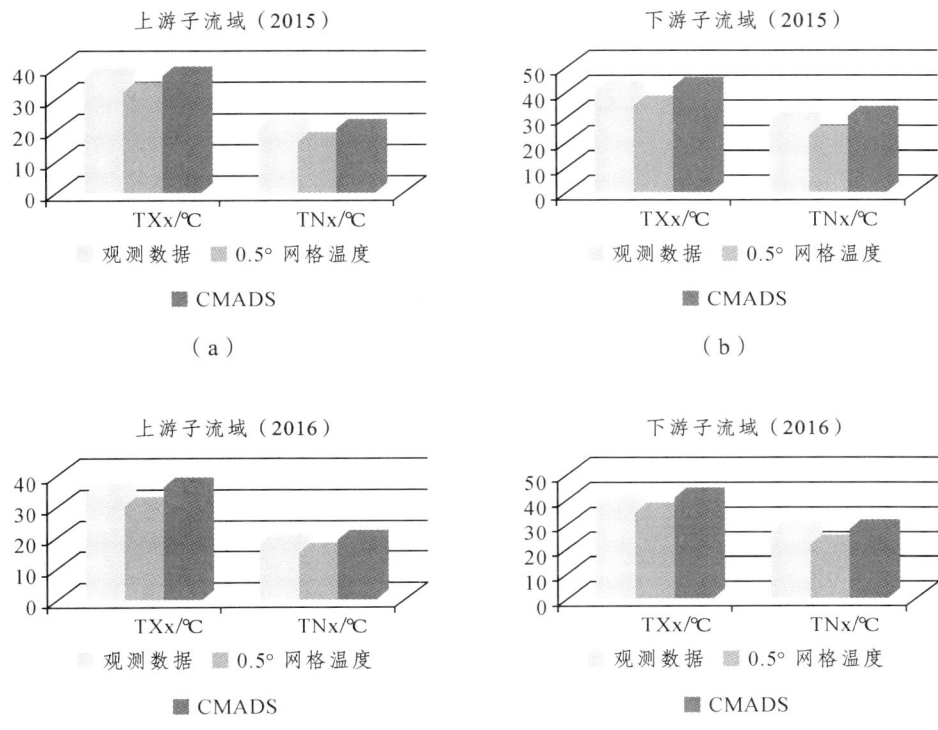

图 6-8 基于各数据集极端气温指数最高温值对比

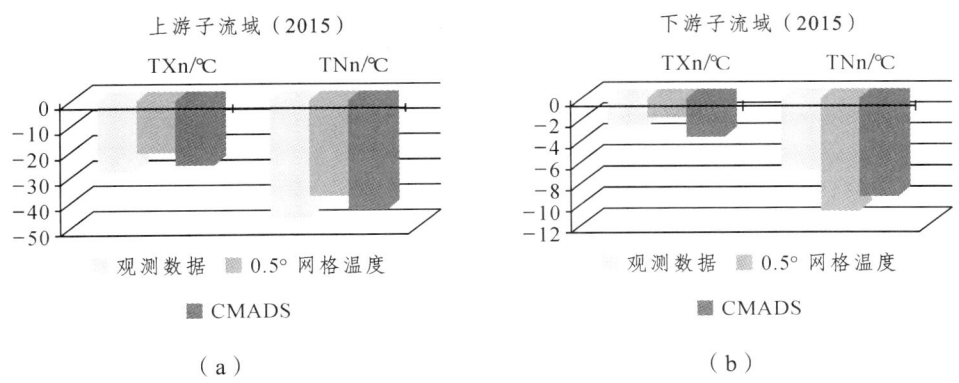

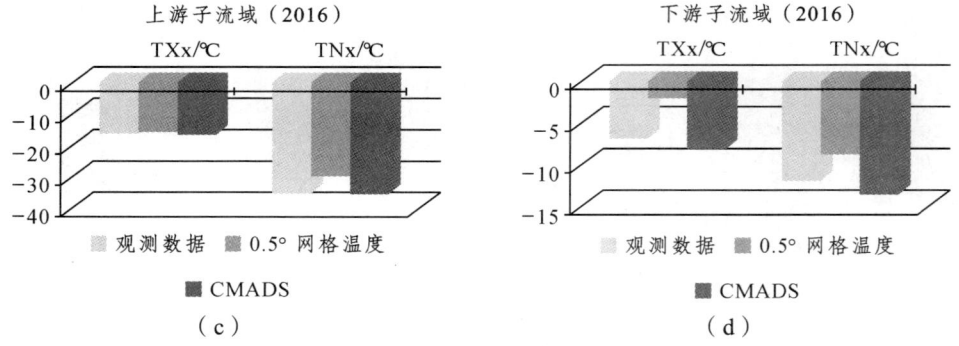

图 6-9　基于各数据集极端气温指数最低温值对比

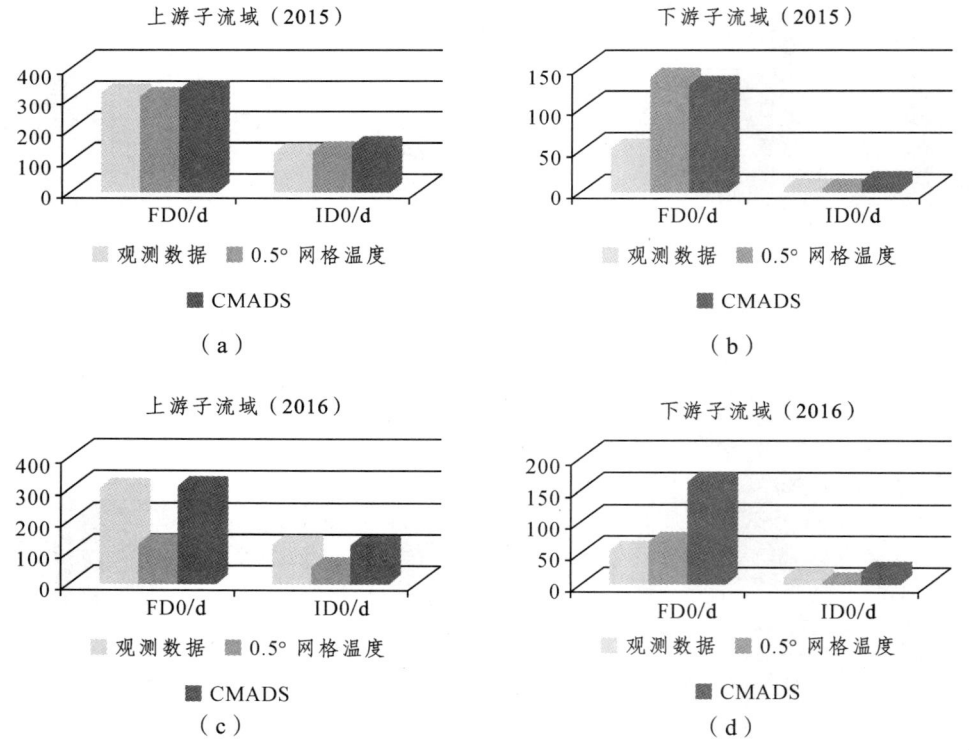

图 6-10　基于各数据集极端气温日指数最大值对比

表 6-24 流域范围内基于融合数据计算的极端气温指数与基于观测数据所得结果相对偏差

BIAS	0.5°网格	CMADS
TXx	−0.52%	−0.15%
TNx	−0.98%	−0.34%
TXn	42.69%	24.49%
TNn	0.41%	0.38%
FD0	−0.04%	0.92%
ID0	1.42%	2.76%

6.3 融合数据下流域极端气候指数对比

基于融合数据,在全流域范围、上游子流域范围、下游子流域范围内对极端降水指数和极端气温指数进行对比分析。

6.3.1 流域极端降水指数评价对比分析

选择极端降水量指数中的1日最大降水量(RX1day)、5日最大降水量(RX5day)为代表进行典型分析。

以地面气象站点数据为参考值,计算分析它与另外 4 种融合数据[CMPA-H、CMADS、GPM(IMERG)、TRMM(TMPA)]的相关关系,按表 6-25 中的公式计算相关系数 R、均方根误差 $RMSE$ 和标准差 SD,然后绘制泰勒图进行横向比较,分析基于不同网格融合数据对极端降水事件的识别能力。

表 6-25 相关性指数

评估指标	公式	最优值
相关系数(R)	$R = \dfrac{\sum\limits_{i=1}^{n}(D_i - \overline{D})(D_i^* - \widetilde{D})}{\sqrt{\sum\limits_{i=1}^{n}(D_i - \overline{D})^2}\sqrt{\sum\limits_{i=1}^{n}(D_i^* - \widetilde{D})^2}}$	1

续表

评估指标	公式	最优值
均方根误差（RMSE）	$RMSE = \sqrt{\dfrac{1}{N}\sum_{i=1}^{n}(D_i^* - D_i)^2}$	0
标准差（SD）	$SD = \sigma/\sigma^*$ $\sigma = \sqrt{\dfrac{1}{N}\sum_{i=1}^{n}(D_i - \overline{D})^2}$ $\sigma^* = \sqrt{\dfrac{1}{N}\sum_{i=1}^{n}(D_i^* - \widetilde{D})^2}$	0

注：D_i 为观测降水数据（mm）；D_i^* 为待测降水数据（mm）；$\overline{D}$ 为观测降水数据均值（mm）；$\widetilde{D}$ 为待测降水数据均值（mm）。

将流域平均尺度下每月1日最大降水量和每月5日最大降水量指数绘制成泰勒图（见图6-11）。对于每月1日最大降水量指数［见图6-11（a）］，CMPA-H表现出了较高的相关系数，CMADS次之。CMADS表现出了较小的标准差，其他3种融合数据标准差相差不大，都在3左右。

对于每月5日最大降水量指数［见图6-11（b）］，4种融合数据相关系数都在0.5左右（CMPA-H：0.53，CMADS：0.5，IMERG：0.47，TMPA：0.55），差距不大。表明几种融合数据得到的结果比较接近。

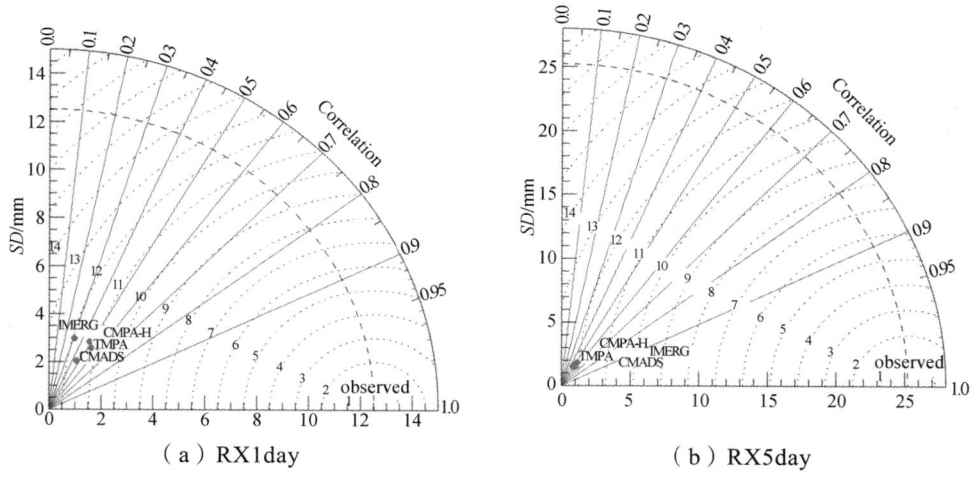

(a) RX1day　　　　　　　(b) RX5day

图6-11　流域极端降水指数泰勒图

将上游子流域范围内，每月1日最大降水量和每月连续5日最大降水量绘制成泰勒图（见图6-12）。对于每月1日最大降水量指数［见图6-12（a）］，相关系数较好的为 TMPA（0.51）和 CMPA-H（0.50），其次为 TRMM（TMPA）和 GPM（IMERG），CMADS 表现最好，标准差（SD）为 1.41。对于每月 5 日最大降水量，各融合数据计算的相关性比较接近，在泰勒图［见图 6-12（b）］中较集中。

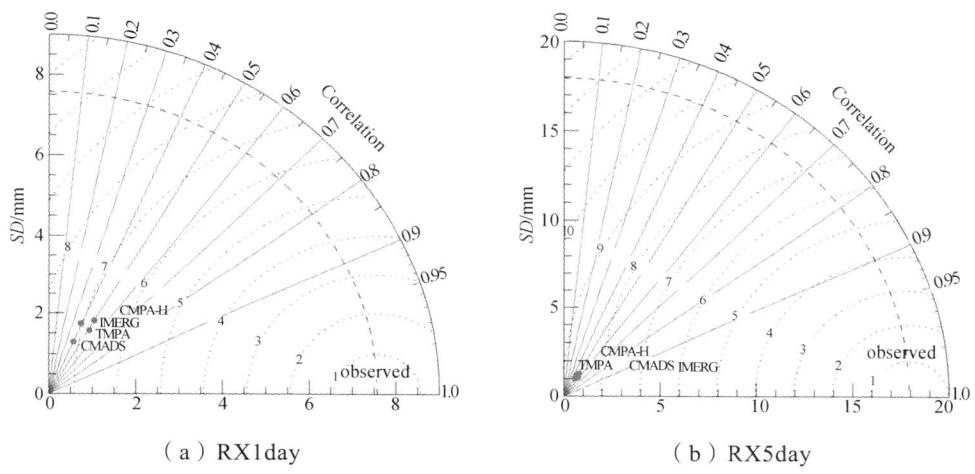

（a）RX1day　　　　　　　　　　（b）RX5day

图 6-12　上游子流域极端降水指数泰勒图

将下游子流域的每月 1 日最大降水量和每月连续 5 日最大降水量绘制成泰勒图（见图 6-13）。对于每月连续 1 日最大降水量，4 种融合数据的相关性表现相差较小。对于每月 5 日最大降水量，CMPA-H 表现异常，与参考值、其他融合数据标准差的偏离较远［见图 6-13（b）］。

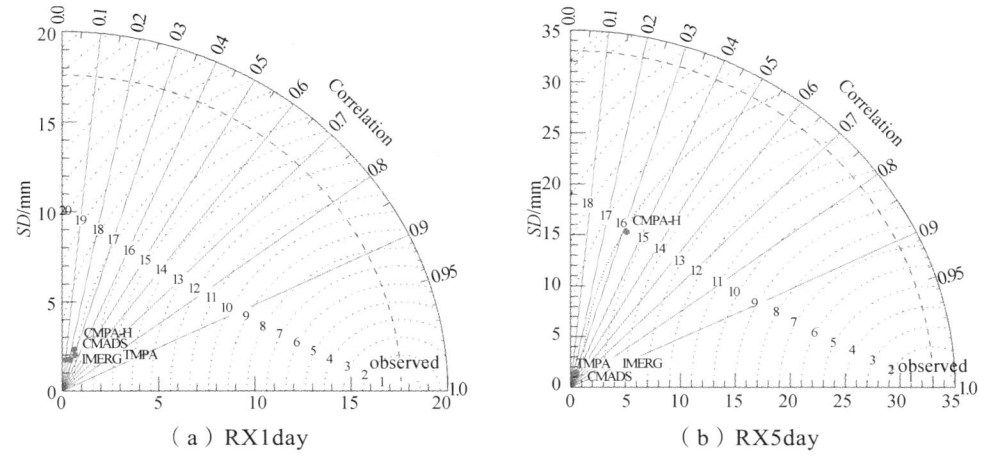

（a）RX1day　　　　　　　　　　（b）RX5day

图 6-13　下游子流域极端降水指数泰勒图

6.3.2　流域极端气温指数评价对比分析

采用中国地面气温日值 0.5°格点温度数据和 CMADS 数据集中的温度数据计算极端气温指数以评价基于融合数据计算极端气温指数中的适用性。

极端气温指数选择月极端高温最大值（TXx）、月极端低温最小值（TNn）为代表。

将流域平均尺度下 TXx 和 TNn 相关性绘制成泰勒图（见图 6-14）。图中 2 种融合数据的相关性数据点比较集中，表明具有一致的相关性。CMADS 温度数据集表现出了与观测数据更大的相关系数。

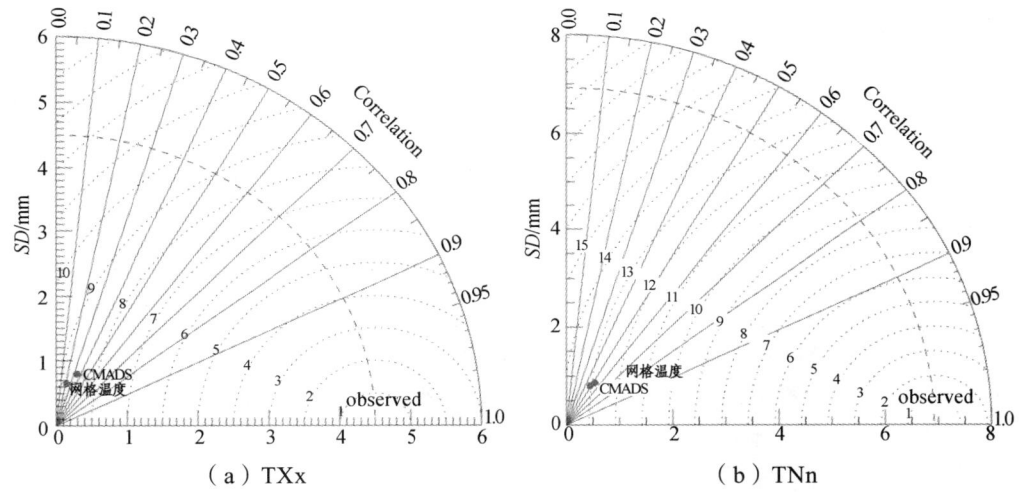

（a）TXx　　　　　　　　　　　（b）TNn

图 6-14　流域极端气温指数泰勒图

将上游流域范围内的 TXx 和 TNn 相关性绘制成泰勒图（见图 6-15）。

2 种融合数据的相关性数据点也比较集中，表明具有较一致的相关性。对于 TXx，0.5°网格温度和 CMADS 的相关系数（R）为 0.32 和 0.43，但标准差较大，为 0.85 左右。对于 TNn，0.5°网格温度和 CMADS 的相关系数（R）为 0.53 和 0.48。

将下游子流域范围内的 TXx 和 TNn 相关性绘制成泰勒图（见图 6-16）。对于 TXx，0.5°网格温度和 CMADS 的相关系数（R）为 0.12 和 0.32。但 0.5°网格温度的标准差较小，为 0.54。对于 TNn，0.5°网格温度和 CMADS 的相关系数（R）为 0.18 和 0.49。很小的相关性表明，0.5°网格气温融合数据在下游子流域极端气温指数研究中表现不佳。

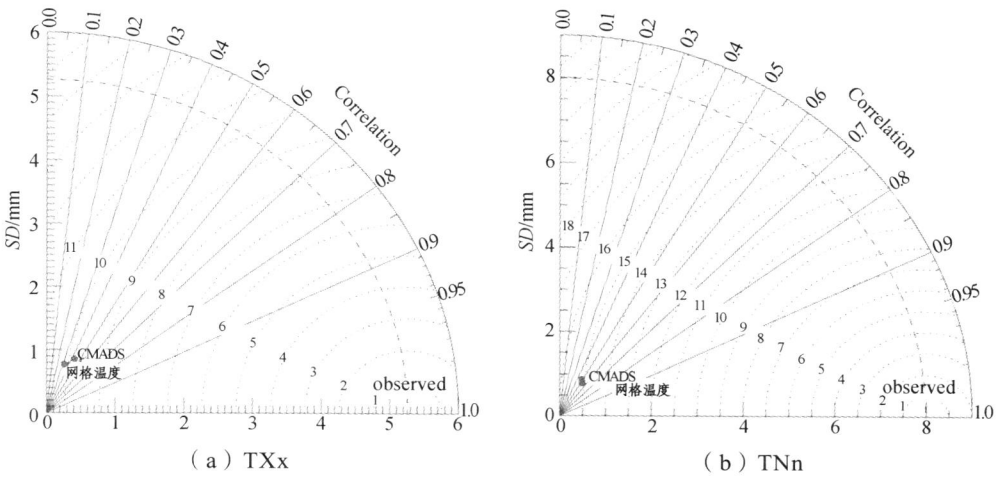

图 6-15　上游极端气温指数泰勒图

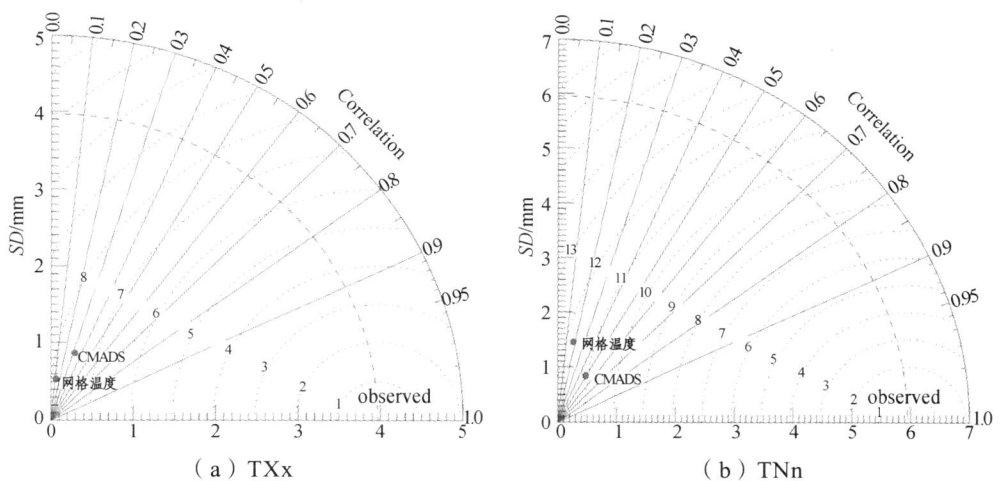

图 6-16　下游极端气温指数泰勒图

综上所述，以气象站点计算的极端降水、极端气温指数为参考值，基于各融合数据计算的极端降水、极端气温指数与其（参考值）相关性在全流域、上游子流域、下游子流域表现各有优劣，但就整体而言，CMADS 数据集表现更好。各融合数据计算的极端降水指数、极端气温指数的相关性数据点在泰勒图中较为集中，表明对于代表性指数，各融合数据与观测数据的相关性相似。

6.4 典型洪水事件对极端降水的响应分析评价

典型洪水事件 1 发生在 2015 年 9 月 7 日,典型洪水事件 2 发生于 2016 年 9 月 22 日,由于流域面积较大,流域汇水时间相对较长,当日降水并不能完全代表典型洪水事件对极端降水情况的响应,考虑洪水对降水的滞后响应,本节在洪水事件对极端降水的响应分析评价中提取与 31 个地面气象观测站点经纬度相对应的 8 日内(当日及前 7 日)CMADS 网格逐日降水量值与站点极端降水阈值比较见表 6-26(典型洪水事件 1)和表 6-27(典型洪水事件 2),典型洪水事件发生 8 日内各气象站点处的 CMADS 逐日降水量与极端降水阈值空间分布见图 6-17,典型洪水事件 1、典型洪水事件 2 基于 CMADS 降水融合数据的 8 日内流域降水空间分布及流域范围内日降水量超过极端降水阈值的气象站点见图 6-18 和图 6-19。

表 6-26 与研究流域内 31 个地面气象观测站点经纬度相对应的 CMADS 网格降水量
(典型洪水事件 1 发生 8 日内) 单位:mm

站点名称	与气象站点经纬度对应的 CMADS 日降水量								极端降水阈值
	2015年8月31日	2015年9月1日	2015年9月2日	2015年9月3日	2015年9月4日	2015年9月5日	2015年9月6日	2015年9月7日	
伍道梁	2.27	0.75	6.75	0.38	3.4	1.21	8.95	0.36	7
托托河	0.75	1.67	6.93	0.84	6.87	0.06	2.64	0.22	6.9
曲麻莱	0.07	1.7	4.71	0.25	3.52	14.24	7.94	2.23	7.9
清水河	0	2.84	3.22	0	1.2	7.23	5.34	0.82	7.9
玉树	0.09	0.27	18.52	1.11	1.74	2.38	2.2	6.12	9.4
德格	0.23	18.3	8.95	4.43	4.23	0	0.28	10.14	11.9
甘孜	3.7	19.97	4.27	0.31	1.89	6.21	0.29	30.36	12
新龙	3.37	8.35	14.23	1.76	0.51	1.57	1.18	17.4	12
巴塘	2.03	11.05	8.95	1.54	0.22	0.87	0.07	0.06	12.77
理塘	4.27	8.66	11.76	1.01	0.14	1.65	1.07	0	14.15
德钦	1.21	0.35	0.33	0.14	0.05	20.75	0.56	0.45	12.1
稻城	14.14	9.16	1.74	0.64	36.66	6.04	0.08	0.31	14.4
九龙	29.68	13.43	4.58	25.9	12.44	13.1	0.63	0.36	15.45

续表

站点名称	与气象站点经纬度对应的CMADS日降水量								极端降水阈值
	2015年8月31日	2015年9月1日	2015年9月2日	2015年9月3日	2015年9月4日	2015年9月5日	2015年9月6日	2015年9月7日	
迪庆(中甸)	3.18	3.7	1.16	0	0	15.03	5.03	1.67	12.6
维西	2.73	1.01	3.13	0	0.02	6	5.11	0.59	17.8
木里	29.71	2.51	1.72	0	45.66	30.73	0.64	0	16.8
越西	16.45	20.68	2.51	0.02	42.96	9.5	0.21	4.88	18.5
丽江	14.18	2.38	8.05	0.42	0.01	51.83	6.85	4.11	19.1
盐源	40.65	1.28	5.05	0.78	10.58	16.99	0.48	0.93	17.9
雷波	8.48	9.11	1.79	0	13.79	14.93	8.05	0	12.2
昭觉	20.77	10.3	0.46	0	30.73	14.07	0.19	0.09	18.1
昭通	14.91	0.43	0.63	0	2.62	8.91	1.61	0.2	13.9
华坪	38.41	0.46	1.93	0	0.87	28.33	6.14	0.02	28.22
会理	31.83	5.4	0.14	0	0	42.3	2.31	2.89	25.5
威宁	10.59	0.25	0.17	0	0.72	10.99	4.56	1.96	13.7
会泽	13.48	1.76	0	0	0	35.2	7.16	0.19	17
元谋	15.93	3.54	0	0.75	0	10.4	13.25	0.34	18.9
楚雄	34.59	3.77	0.02	1.67	0.02	0.18	16.97	4.66	19.6
昆明	4.18	2.98	0	0.35	0	0.23	32.17	3.51	20.5
凉山(西昌)	16.73	5.5	1.16	1.43	32.48	4.42	0	0.07	22.3
大理	3.87	13.02	3.29	0.14	0.07	2.31	21.19	1.73	22.6

注：典型洪水事件1发生当日为2015年9月7日。

表6-27 与研究流域内31个地面气象观测站点经纬度相对应的CMADS网格降水量
(典型洪水事件2发生8日内)   单位：mm

站点名称	与气象站点经纬度对应的CMADS日降水量								极端降水阈值
	2016年9月15日	2016年9月16日	2016年9月17日	2016年9月18日	2016年9月19日	2016年9月20日	2016年9月21日	2016年9月22日	
伍道梁	2.37	2.47	0.46	1.45	0.57	0	2.5	0.32	7
托托河	2.45	4.74	1.76	0	0	0	0	1.14	6.9
曲麻莱	0	2.41	3.96	0.25	0.95	0	1.2	1.69	7.9

续表

站点名称	与气象站点经纬度对应的CMADS日降水量								极端降水阈值
	2016年9月15日	2016年9月16日	2016年9月17日	2016年9月18日	2016年9月19日	2016年9月20日	2016年9月21日	2016年9月22日	
清水河	2.58	1.31	1.19	1.51	0.28	0	0.18	1.78	7.9
玉树	0.05	2.18	1.69	0.57	0.44	0	0	0	9.4
德格	1.91	0.18	16.5	2.81	0.67	0	0.02	3.85	11.9
甘孜	3.92	1.34	26.78	6.69	7.14	0.36	0.08	2.51	12
新龙	3.91	2.11	9.39	10.37	6.22	0	0.03	10.28	12
巴塘	1.37	2.47	7.05	11.59	8.47	0.14	0	14.55	12.77
理塘	1.93	0.24	10.91	0.18	3.46	0.27	0.22	11.65	14.15
德钦	0.81	0	0.29	0.76	1.82	5.96	0.11	0.7	12.1
稻城	10.09	12	0.16	11.81	30.13	9.7	0	0	14.4
九龙	13.05	6.77	1.11	39.25	39.88	2.21	0	1.67	15.45
迪庆（中甸）	1.66	0.22	0.07	0.09	14.05	28.3	4.81	0.25	12.6
维西	1.65	0.73	0	0.05	11.86	26	8.31	0.44	17.8
木里	16.39	0.18	4.74	8.56	12.33	13.66	3.61	0	16.8
越西	3.58	1.25	12.8	21.02	7.76	6.4	0.64	3.1	18.5
丽江	5.38	0.28	2.61	3.55	33.03	29.87	6.56	0.02	19.1
盐源	13.57	1.34	9.42	11.7	14.15	12.83	4.09	0.08	17.9
雷波	0	0.17	4.43	16.77	10.84	7.59	0.01	3.15	12.2
昭觉	4.85	1.07	4.65	36.11	8.06	8.65	0.52	0.07	18.1
昭通	20.37	1	5.91	17.12	7.42	2.77	0	0	13.9
华坪	30.71	14.39	6.84	44.62	27.28	27.37	1.99	0	28.22
会理	24.78	6.1	4.08	42.34	25.25	9.81	0.13	0	25.5
威宁	10.29	1.93	0.6	23.38	24.75	4.83	0	0	13.7
会泽	18.46	4.32	1.53	12.4	31.18	5.98	0	0.04	17
元谋	22.72	41.8	7.09	16.96	22.52	6.41	0.02	0	18.9
楚雄	1.02	4.91	0.74	2.48	53.09	10.35	0.67	0	19.6
昆明	9.83	68.1	13.58	19.99	16.27	6.7	0.97	0	20.5
凉山（西昌）	6.8	1.29	1.26	32.2	12.07	7.24	0.13	0	22.3
大理	0.08	1.6	0.34	0.09	56.75	41.67	7.41	0.07	22.6

注：典型洪水事件2发生当日为2016年9月22日。

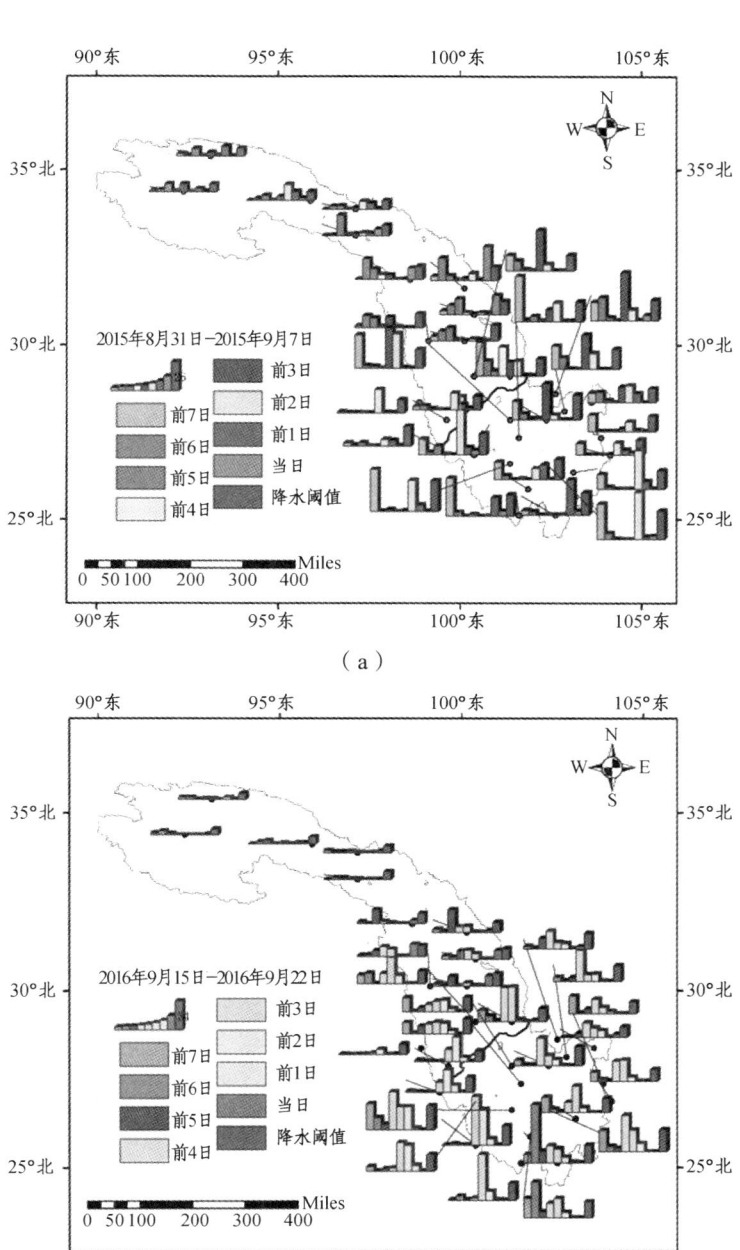

图 6-17 典型洪水事件 1 和典型洪水事件 2 发生 8 日内气象站点对应的
CMADS 降水量与极端降水阈值空间分布

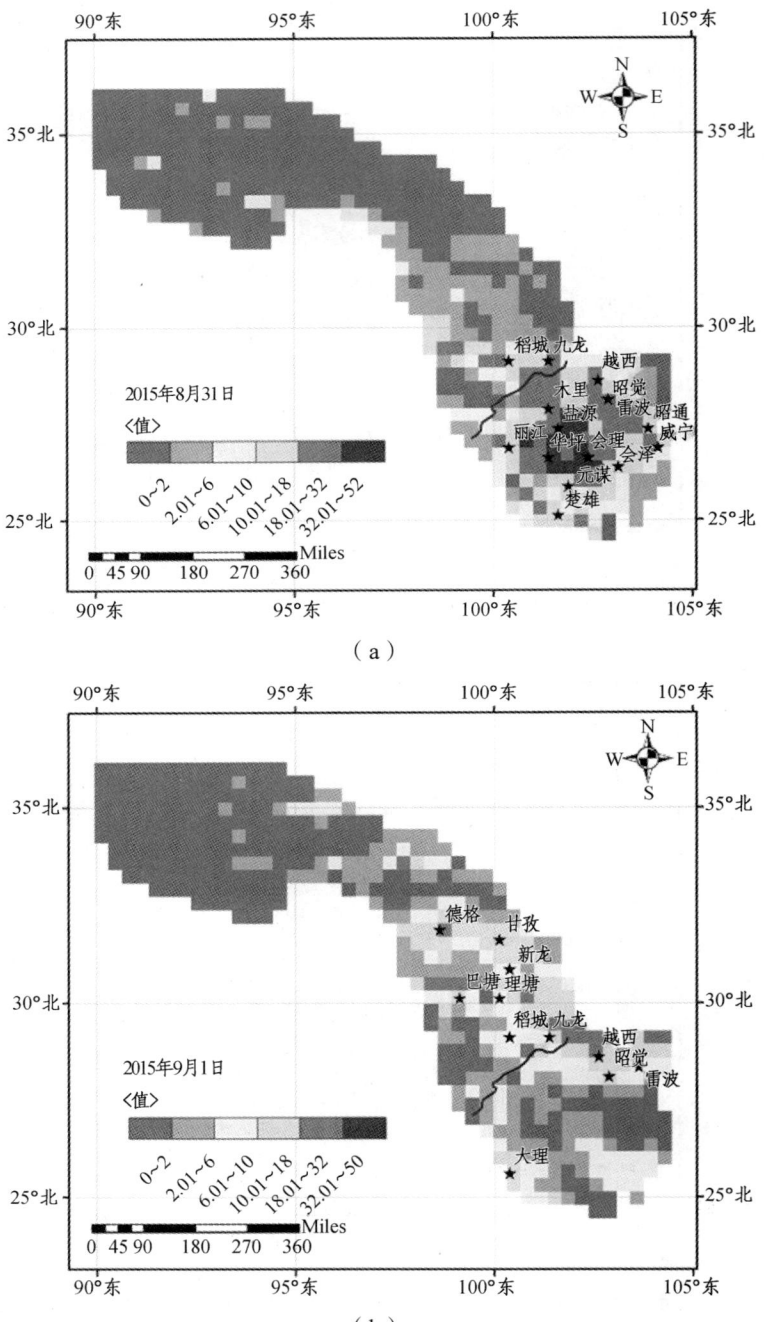

(c)

(d)

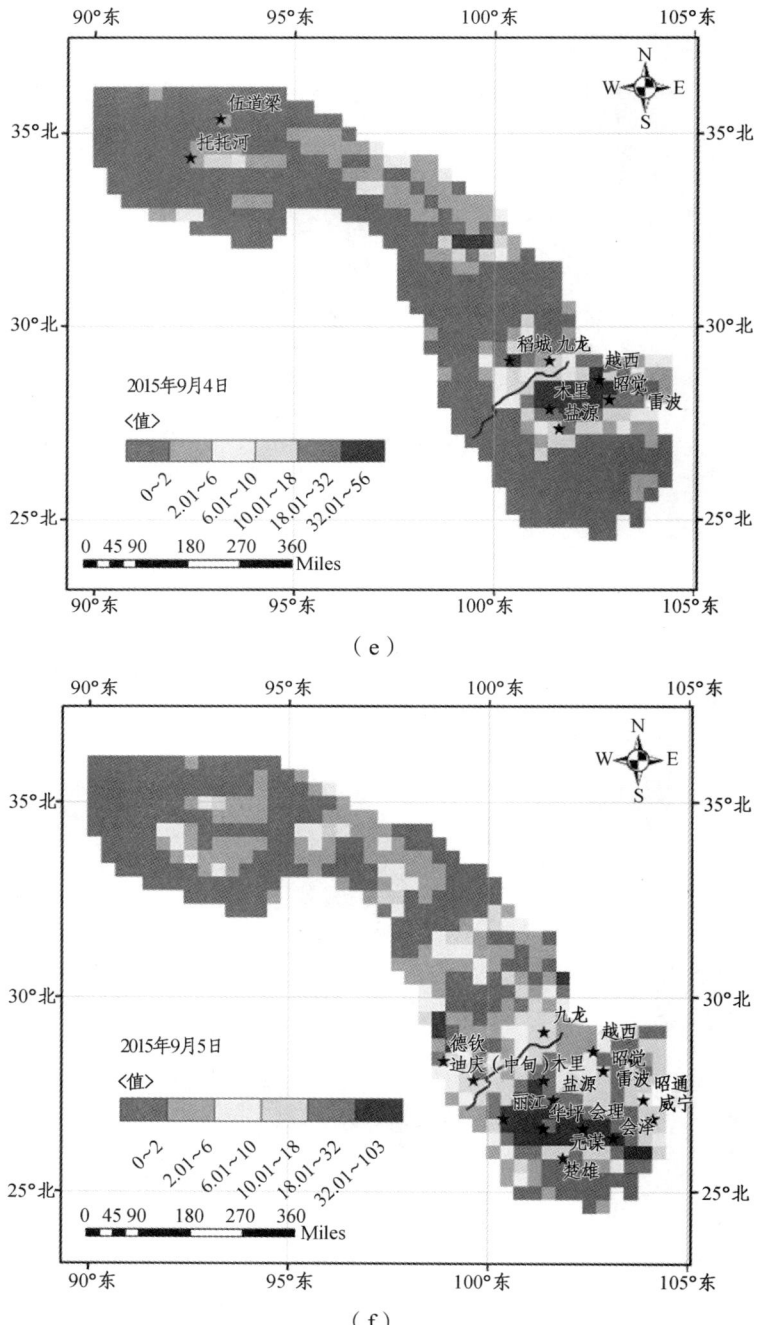

(e)

(f)

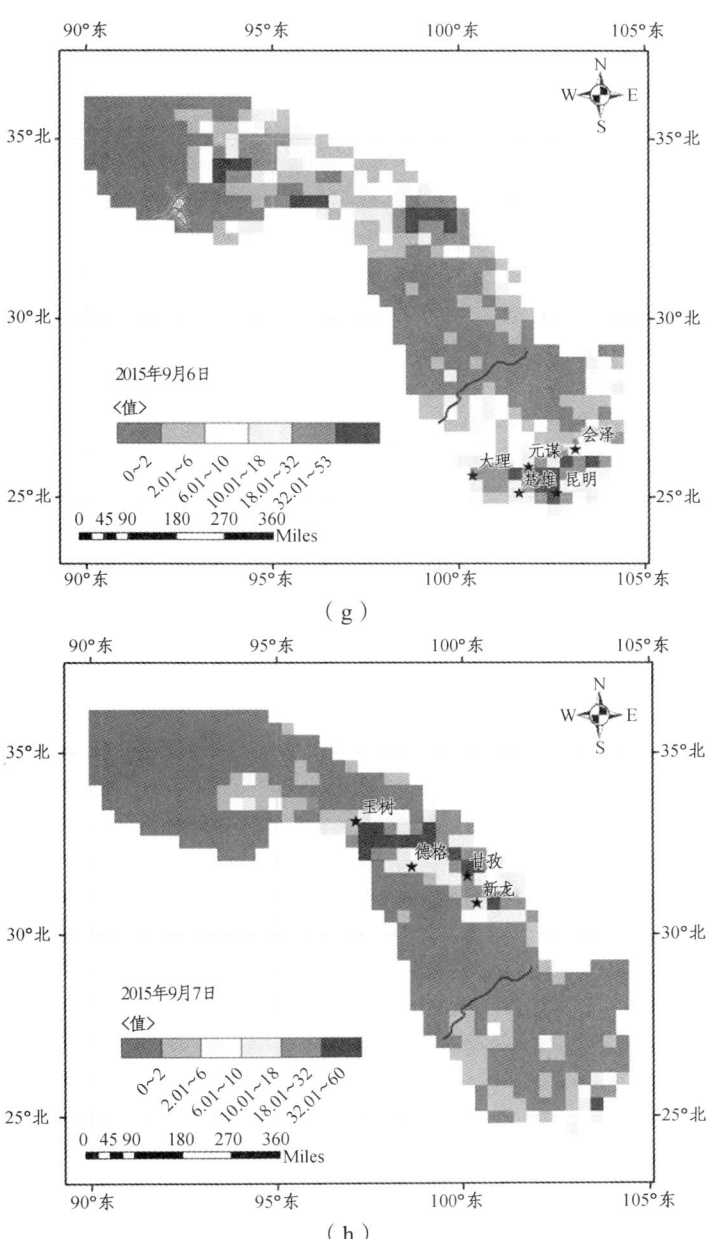

图 6-18 典型洪水事件 1 发生当日及其前 7 日内降水空间分布（基于 CMADS 降水数据）

（注：★表示当日降水量接近或超过极端降水阈值的气象站点，下同）

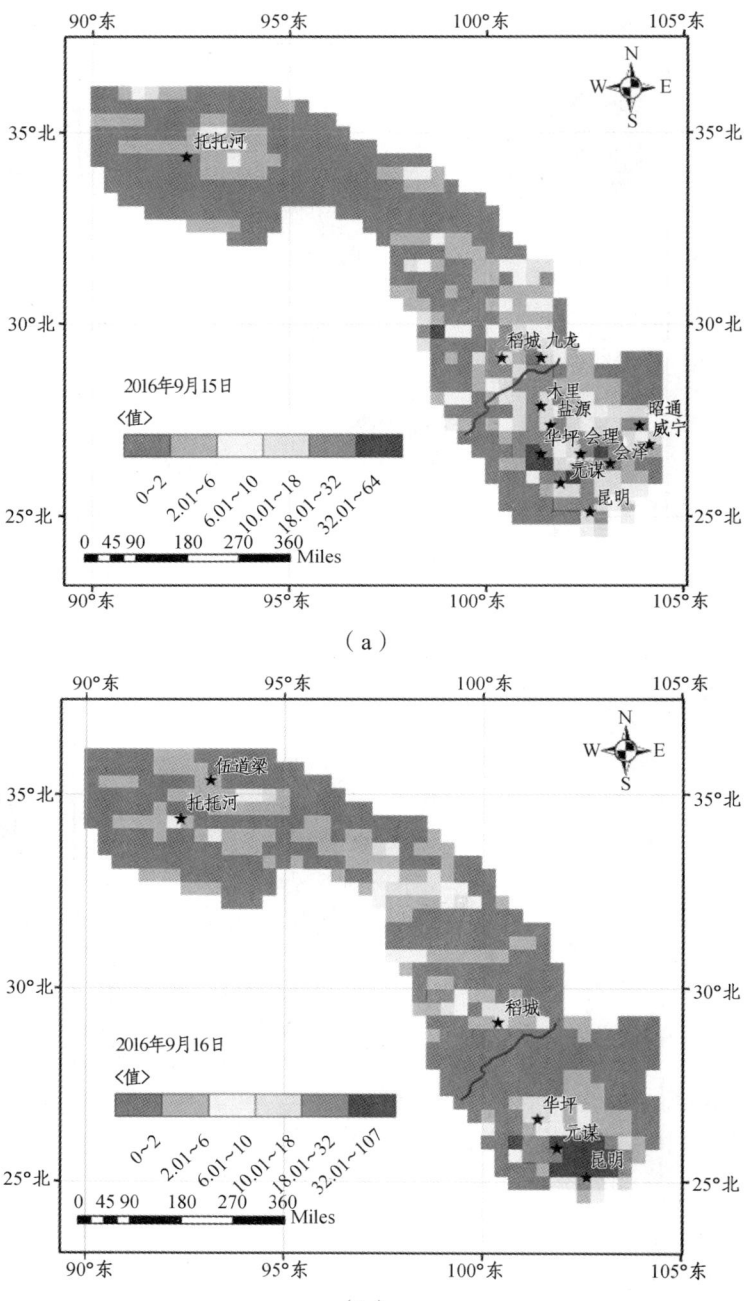

(a)

(b)

(c)

(d)

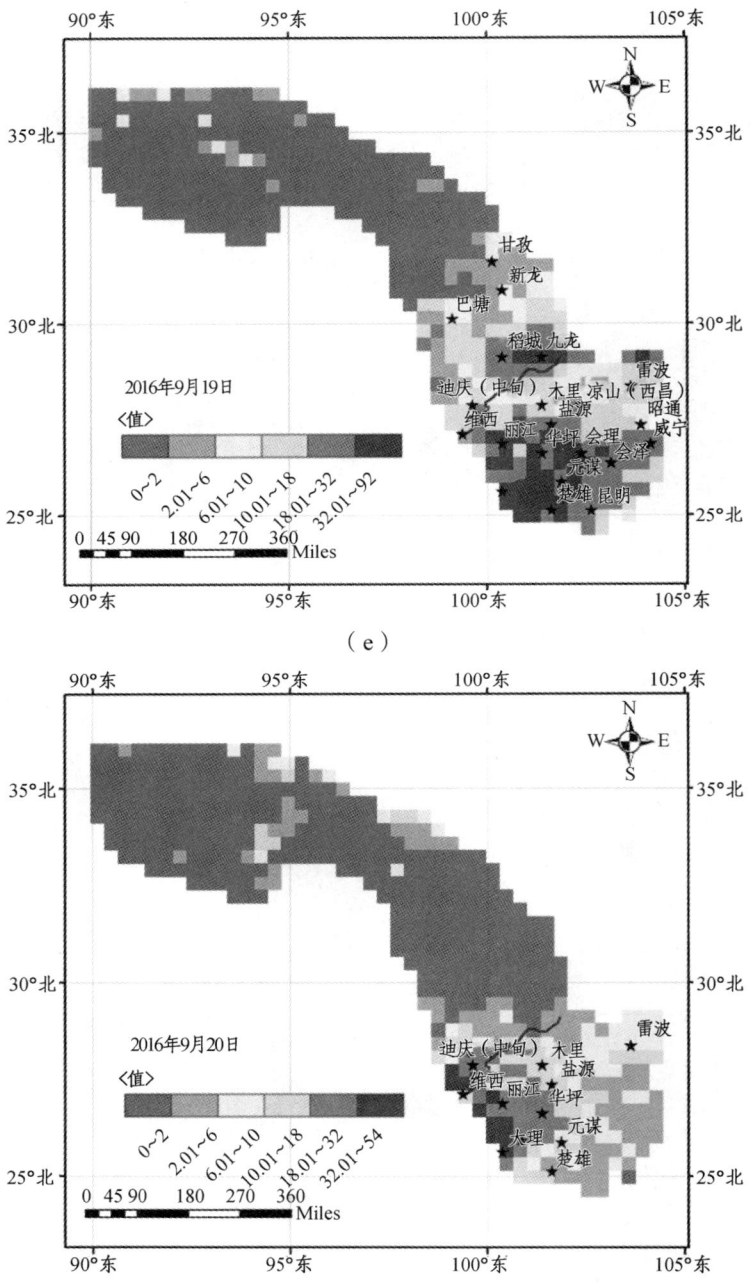

(e)

(f)

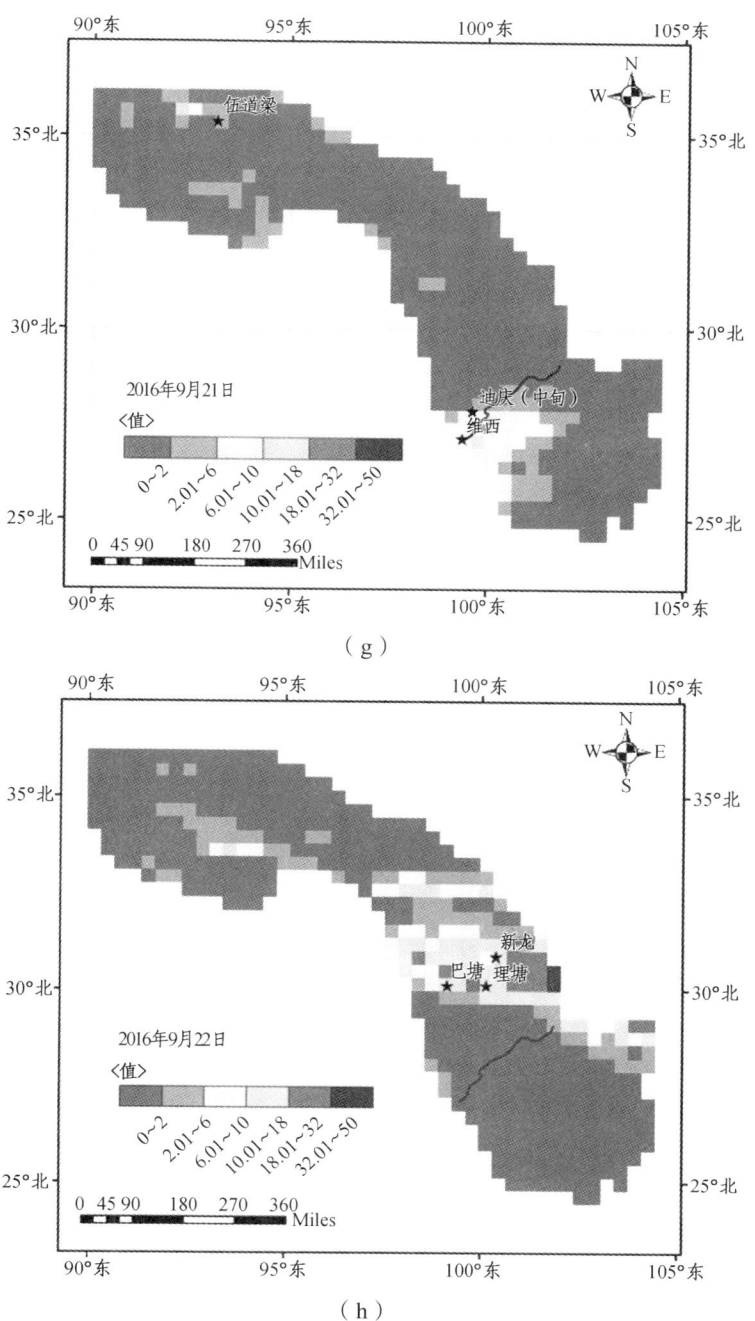

图 6-19 典型洪水事件 2 发生当日及前 7 日内降水空间分布（基于 CMADS 降水数据）

根据气象站点观测数据计算的流域范围内 31 个气象观测站点极端降水阈值范围在 2.41~9.77 mm 之间。结合表 6-26、表 6-27、图 6-17~图 6-19 可以看出，在典型洪水事件 1 发生当日（2015 年 9 月 7 日）全流域范围内降水量空间分布中[见图 6-18（h）]，网格降水量大于 9.77 mm 的网格大部分位于 30°N~33°N 之间，有个别降水量大于 9.77 mm 的网格位于 24°N~25°N，104°E~105°E 范围内，最大降水量出现在 32°N~33°N，98°E~101°E 之间，最大日降水量达到 50 mm。大于 10 mm 降水量网格占总网格数的 13%。日降水量较大的网格位于流域上游，流域下游日降水量相对较小，日降水量大多在 5 mm 以内。该日降水量大于极端降水阈值的站点有玉树站、德格站、甘孜站、新龙站，均在降水量较大的经纬度范围内。在典型洪水事件 1 发生前 1 日[见图 6-18（g）]，流域出口上游 33°N、99°E~100°E 之间和 35°N、94°E~95°E 之间出现了极端降水。流域在 25°N 一带降水量也较大，楚雄、昆明等超过极端降水阈值的站点也处于该范围以内。典型洪水事件 1 发生前 2 日[见图 6-18（f）]，发生极端降水的范围位于 25°N~30°N 之间区域，且在该日内流域出口处网格颜色呈蓝色，显示此处的降水量较大。典型洪水事件发生前 3 日[见图 6-18（e）]，极端降水主要发生在 27°N~30°N、101°E~104°E，网格蓝色较深，该范围内降水量较大，在 18~56 mm 之间，在此范围内的木里、盐源、昭觉等气象站点降水量同样超过极端降水阈值。在 2015 年 9 月 2 日典型洪水事件 1 发生前 5 日[见图 6-18（c）]玉树至巴塘、理塘范围内出现了极端降水。在 2015 年 8 月 31 日典型洪水事件 1 发生前 7 日极端降水范围与 2015 年 9 月 5 日相似，集中于 25°N~30°N 之间的区域。

2015 年 9 月 3 日，整个流域范围内降水量较少，流域范围内仅有九龙站降水量超过极端降水阈值，从 2015 年 9 月 4 日开始至 9 月 6 日降水主要分布在下游子流域中下部，除 2015 年 9 月 5 日当天流域出口附近发生了较强的降水外，其他日期流域出口均未发生连续暴雨，而 2015 年 9 月 7 日典型洪水事件 1 当日极端降水中心又向北部移动，综合考虑典型洪水事件 1 发生 8 日内极端降水空间分布情况及洪水传播时间因素，典型洪水事件 1 主要是由上游强降水和洪水传播滞后等因素引起的。

由图 6-19 可以看出，在典型洪水事件 2 发生时与研究流域内 31 个地面气象观测站点经纬度相对应的 CMADS 网格降水量中，新龙、巴塘、理塘站处降水大于极端降水阈值。降水量大于 9.77 mm 的网格大多位于 29°N~32°N，98°E~104°E，该典型洪水事件发生时最大网格降水量为 41.31 mm，大于 9.77 mm 降水量网格占总网格数的 10%，还可以看出在该洪水事件发生当日（2019 年 9 月 22）流域出口处降水量较大。典型洪水事件2发生在2016年9月22日，在9月21日[见图6-19（g）]流域降水量普遍较小。在2016年9月20日[见图6-19（f）]，25°N～30°N、99°E～101°E之间范围内出现了极端降水，处于该范围内的维西、丽江、大理等10个气象站点降水量超过极端降水阈值。2016年9月19日[见图6-19（e）]，极端降水基本覆盖29°N以南的全部范围，范围内大理、丽江、楚雄等21个气象站点降水量超过极端降水阈值。2016年9月18日[见图6-19（d）]，极端降水范围主要集中在101°E以东、26°N～30°N之间，在此范围内出现降水量大于极端降水阈值的站点有18个。典型洪水事件2发生前6～7日[见图6-19（a）和图6-19（b）]，出现极端降水的范围基本处于流域中下部，近流域出口未出现极端降水。

典型洪水事件2发生当日（2016年9月22日），流域出口处出现了极端降水，但在前2日（2016年9月21和9月20日）流域出口处降水量较少。2016年9月18日—9月20日，极端降水中心基本分布在流域中下部范围内，9月21日整个流域范围降水量偏少，9月22日极端降水区域出现了北移情况。综合分析，典型洪水事件2主要是由前5日内流域中下部极端降水及洪水传播滞后与流域近出口处当日强降水共同作用产生的。

利用融合数据空间分布连续的优点，可以定量分析典型洪水事件发生时降水的空间特征及降水随时间变化的特征，据此可以更好地了解分析洪水事件发生时流域极端降水的分布，为未来评估极端降水对流域洪水事件的影响提供多样的研究方法。

6.5 典型洪水事件对极端气温的响应分析评价

提取与研究流域内31个地面气象观测站点经纬度相对应的典型洪水发生当日CMADS网格最高气温值、8日内日最高气温平均值，并与站点极端高温阈值比较（见表6-28）。典型洪水事件发生当日各气象站点处的CMADS最高气温与极端高温阈值空间分布见图6-20，基于CMADS气温融合数据的流域最高气温空间分布见图6-21。

表6-28　与研究流域内31个地面气象观测站点经纬度相对应的CMADS网格最高气温与高温阈值　　　单位：℃

站点名称	CMADS最高气温				极端高温阈值
	典型洪水事件1（2015年9月7日）	8日内最高气温平均值（2015年8月31日—9月7日）	典型洪水事件2（2016年9月22日）	8日内日最高气温平均值（2016年9月15日—9月22日）	
伍道梁	12.35	10.86	4.91	6.1	12.76
托托河	14.65	12.8	7.93	8.39	15.12
曲麻莱	16.07	16.16	10.34	12	16.24
清水河	14.69	13.93	6.02	8.45	14.18
玉树	23.21	21.5	15.14	17.53	21.38
德格	22.35	21.38	10.61	17.55	24.25
甘孜	21.83	18.76	10.3	14.31	22.88
新龙	17.46	15.31	8.31	10.96	26.01
巴塘	29.38	26.17	24.56	24.89	29.65
理塘	16.08	13.56	12.32	11.49	18.47
德钦	18.35	17.46	13.6	17.72	19.23
稻城	19.79	18.75	17.12	16.95	20.24
九龙	16	16.23	13.56	13.05	23.75
迪庆（中甸）	17.77	18.19	11.83	16.08	20.54
维西	24.37	23.75	17.83	22.66	25.92
木里	19.98	19.46	16.74	16.4	26.34
越西	26.22	23.16	20.75	20.47	28.99
丽江	19.72	20.79	15.56	19.63	25.14
盐源	15.57	13.98	9.94	10.83	25.09
雷波	27.3	23.57	22.73	21.12	27.28
昭觉	23.12	21.06	20.05	17.55	26.51
昭通	23.92	22.12	20.55	18.23	27.21
华坪	31.66	29	26.72	26.71	33.85
会理	26.86	24.31	22.25	22.3	28.16
威宁	19.56	19.01	14.41	14.17	24.25
会泽	22.69	20.99	18.64	18.36	26.84
元谋	30.09	28.03	25.52	25.73	34.73
楚雄	23.78	22.14	19.81	20.89	27.86
昆明	28.06	26.18	23.43	26.05	26.37
凉山（西昌）	27.92	24.74	22.53	21.46	30.58
大理	23.59	23.32	21.31	23.59	26.61

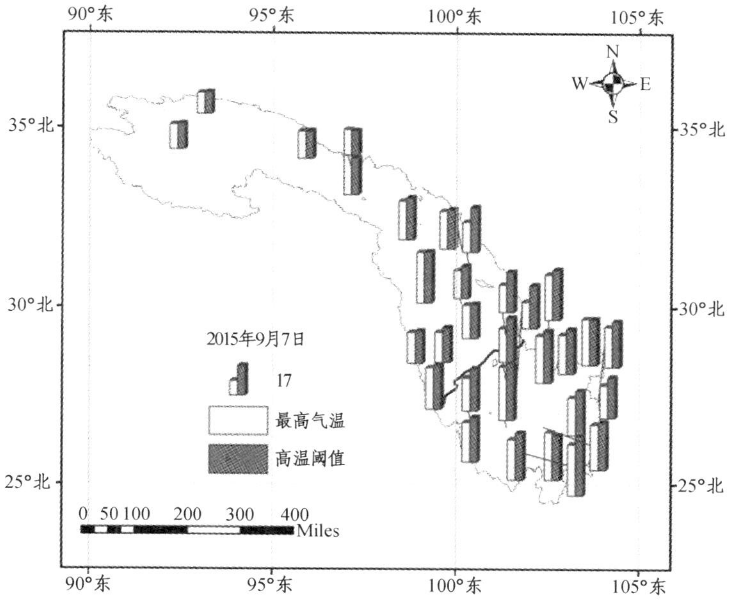

（a）

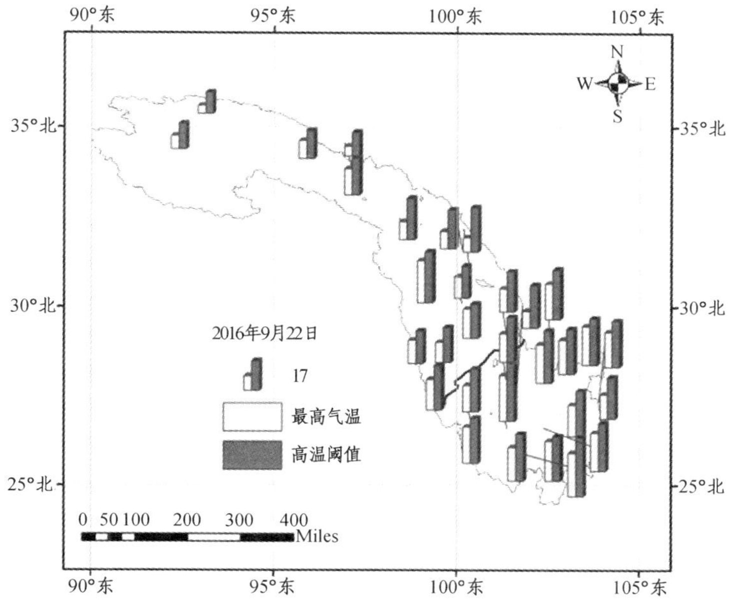

（b）

图 6-20　气象站点对应的 CMADS 最高气温与极端高温阈值空间分布

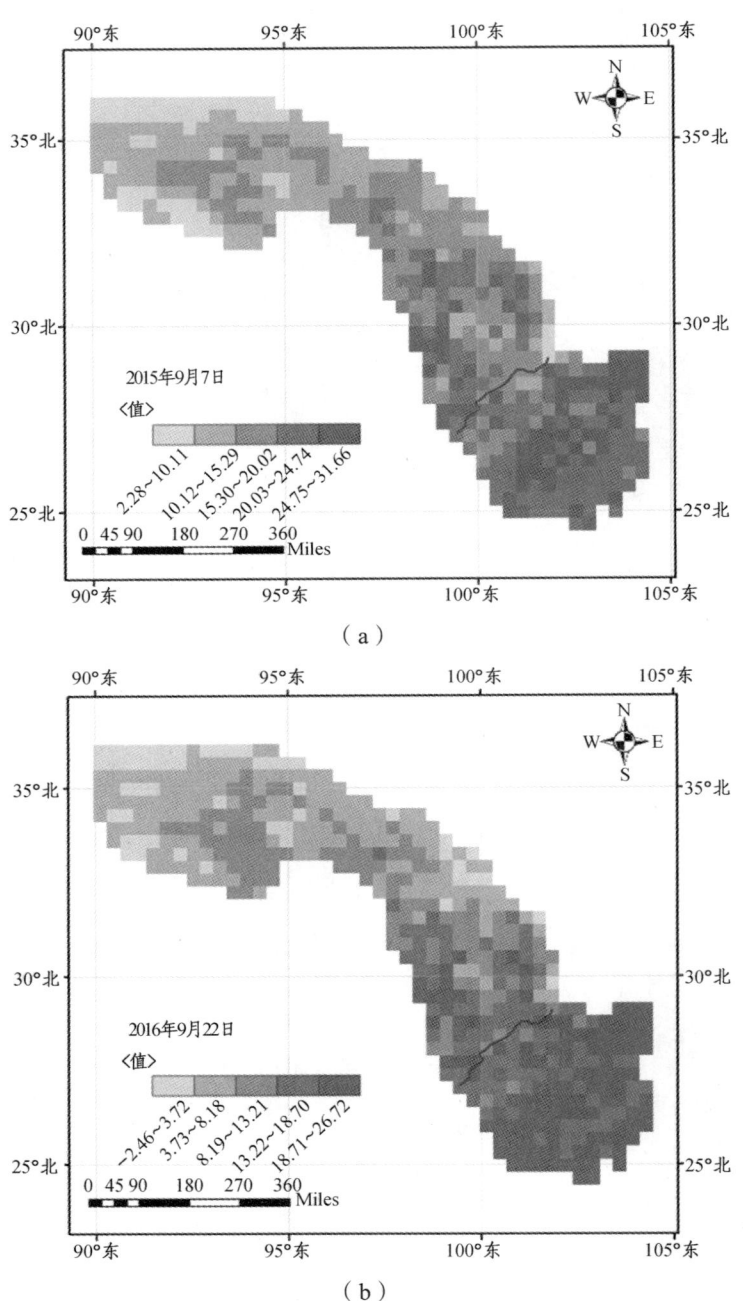

图 6-21 典型洪水事件发生当日最高气温空间分布（基于 CMADS 日最高气温）

根据气象站点观测数据计算的流域范围内极端高温阈值为 12.76~34.37 °C，典型洪水发生当日最高气温与其 8 日内（当日及前 7 日内）最高气温平均值也比较接近，日最高气温变化不大。结合表 6-28、图 6-20 和图 6-21 可以看出，典型洪水事件发生当日最高气温普遍较高，接近各站点的极端高温阈值。例如，伍道梁站当天最高气温为 12.35 °C，该站点的极端高温阈值为 12.76 °C；巴塘站当天最高气温为 29.38 °C，该站点的极端高温阈值为 29.65 °C。2016 水文年典型洪水事件发生当日各站点最高气温比 2015 年典型洪水事件当日最高气温低。

结合典型洪水事件发生当日最高气温空间分布 [见图 6-21（a）] 可以看出，在 2015 年 9 月 2 日，流域范围内 13 °C 以下的网格基本分布在上游子流域北纬 32 °N 以北、97 °E 以西范围内，整个流域下游子流域气温高于上游子流域，上游子流域温度最高的网格为 33.52 °C，上游子流域中超过 13 °C 的网格占上游总网格数的 73%。下游子流域超过 13 °C 的网格占下游总网格数的 99%，超过 20 °C 的网格占下游总网格的 76%。下游子流域最高气温较高，最高气温网格平均值为 22.52 °C。结合图 6-21（b）可以看出，在典型洪水事件 2 发生当日（2016 年 9 月 22），全流域最高气温比典型洪水事件 1 发生当日（2015 年 9 月 7 日）低，最大值为 26.72 °C。下游子流域温度偏高，超过 13 °C 的网格占下游总网格数的 88%，超过 20 °C 的网格占下游子流域总网格数的 36%，下游子流域网格平均值为 18.29 °C。

利用融合数据空间分布较密的网格数据，可以分析典型洪水事件发生时，整个流域的最高气温的空间分布特征，为未来典型洪水事件对极端气温的响应研究提供理论支撑。

第7章
总结与展望

7.1 基于地面气象站点观测数据计算分析流域极端气候特征

（1）流域极端降水阈值空间分布呈现出"西北少，东南多，从西北向东南递增"的趋势；上游子流域极端高温阈值、极端低温阈值均低于下游子流域。站点极端高温天数多呈增加趋势，极端低温天数多呈减少趋势。

（2）流域极端降水量最大值多出现在2000年以前，极端降水量和极端降水日指数呈现从上游流域到下游流域增加的趋势。流域平均的极端降水指数存在一个约2.5年的明显周期。极端降水指数大部分突变不明显，部分出现突变的指数表现出了由少到多的突变。

（3）极端气温指数总体表现出上游温度相对较低、下游温度相对较高的情况。气温极值指数随时间呈增加趋势，极端气温热日持续指数随时间呈增加趋势，霜冻日数、结冰日数和冷日持续指数随时间呈减少趋势，整个流域范围内的气温有整体升高的趋势。极端气温指数出现了多尺度周期，并且同时出现了约2.5年和约3.5年的2个明显周期。大部分气温极值指数表现出由少至多的突变，冷日指数出现了由多至少的突变，热日指数出现了由少至多的突变，且极端气温指数出现了较多超出临界线的趋势。

7.2 流域范围内融合数据适用性分析及流域极端气候特征指数对比

（1）在计算站点极端气候特征方面，与用地面气象站点观测数据计算的极端降水阈值相比，TMPA、CMADS与GPM（IMERG）表现相对较好；CMPA-H、CMADS与GPM（IMERG）数据集在计算极端降水指数时表现较好，TRMM（TMPA）表现略差；基于融合数据计算的极端气温指数 TXx 及 TNn 与基于观测数据计算的结果吻合较好。结果表明，利用融合数据计算站点极端气候特征指数是适用的。

（2）在计算流域尺度极端气候特征方面，基于融合数据与基于观测数据计算的极端降水指数一致性较好。与基于观测数据相比，基于融合数据所得的极端降水指数整体偏差较小，相对误差在 3%范围内。基于 CMADS 融合数据集计算的极端气温指数最大值所在站点与基于观测数据计算结果一致，极端气温指数值最小偏差为 0.15%，CMADS 融合数据集的气温数据表现出了较高的精度。综合考虑地面站点处融合数据的精度及其反映空间分布特征的特点，利用融合数据计算极端气候指数是可行的，特别是对于少资料、无资料地区更有优势。

（3）以基于观测数据计算的极端降水指数为参考值，运用泰勒相关性指标图分析基于融合数据计算的极端降水指数相关性数据点较为集中，融合数据对这些指数的识别性能相似，各融合数据集的表现较为相近。而在极端气温指数的比较中，CMADS 数据集仍然表现更好。

7.3 典型洪水事件对极端降水和极端气温的响应

基于融合数据分析评价典型洪水事件对极端降水、极端气温的响应，2 次典型洪水事件主要受到极端降水与洪水传播滞后的影响，近出口处不连续的单日极端降水对洪水产生起到加强作用。整体流域日最高气温较高，各站点气温基本达到极端高温阈值。流域范围内的极端降水、极端气温及其空间分布特征对典型洪水事件发生具有一定的指示作用。

7.4 展　望

（1）对于长时间序列下（1960—2016 年），流域气象站点极端气候特征的趋势、周期、突变分析，本书仅选取了较常用的一种方式。在不同方法下，对流域周期、突变等的分析规律可能会出现一些差异，未来可利用多种手段进行分析及对比，以期获得该流域内更加"准确"的周期及突变规律，指导未来流域极端气候的预测。

（2）基于融合数据的使用，本书采用的是卫星反演降水产品。而未来，可使用多种融合产品（例如：雷达反演等降水产品）对流域极端气候特征进行识别，再针对其相应的极端气候特征指数进行相关系数的对比分析，评估更多来源数据之间的相关性及差异。以期在大数据融合背景下，丰富流域极端气候特征研究的手段与方法。

（3）本书基于融合数据分析了流域出口径流对极端降水和气温的响应，在未来，可使用多种模型（例如地下水模型FEFLOW等模型）进行数据-模型耦合，以期全面探究水循环范围内多种要素之间的关系。

【 参考文献 】>>>>

[1] 沈艳，游然，冯明农. PEHRPP 计划简介及在中国大陆区域的数据质量评估：第七届全国优秀青年气象科技工作者学术研讨会论文集[C]. 宜昌：中国气象学会，2010.

[2] LI Z，YANG D，GAO B，et al. Multiscale hydrologic applications of the latest satellite precipitation products in the Yangtze River basin using a distributed hydrologic model[J]. Journal of Hydrometeorology，2015，16（1）：407-426.

[3] 张小丽，彭勇，王本德，等. 基于 SWAT 模型的降雨数据适用性评价[J]. 农业工程学报，2014，30（19）：88-96.

[4] HE Z，YANG L，TIAN F，et al. Intercomparisons of rainfall estimates from TRMM and GPM multisatellite products over the upper Mekong River basin[J]. Journal of Hydrometeorology，2017，189（1）：413-430.

[5] TANG G，DI L，ZIYUE Z，et al. Statistical and hydrological comparisons between TRMM and GPM[J]. Journal of Hydrometeorology，2016，17（1）：121-137.

[6] LI N，TANG G，ZHAO P，et al. Statistical assessment and hydrological utility of the latest multi-satellite precipitation analysis IMERG in Ganjiang River basin[J]. Atmospheric Research，2017，183（1）：212-223.

[7] TANG G，MA Y，DI Long，et al. Evaluation of GPM Day-1 IMERG and TMPA Version-7 legacy products over Mainland China at multiple spatiotemporal scales[J]. Journal of Hydrology，2016，533（1）：152-167.

[8] TA M L，DUAN Z. Assessment of GPM and TRMM precipitation products over Singapore[J]. Remote Sening，2017，9（8）：1-16.

[9] ZHANG A，XIAO L，MIN C，et al. Evaluation of latest GPM-Era high-resolution satellite precipitation products during the May 2017 Guangdong extreme rainfall event[J]. Atmospheric Research，2019，216（1）：76-85.

[10] TAN M L，SANTO H. Comparison of GPM IMERG，TMPA 3B42 and

PERSIANN-CDR satellite precipitation products over Malaysia[J]. Atmospheric Research, 2018, 202 (1): 63-76.

[11] LI J, YUAN D, LIU J, et al. Predicting floods in a large karst river basin by coupling PERSIANN-CCS QPEs with a physically based distributed hydrological model[J]. Hydrology and Earth System Sciences, 2019, 23 (3): 1505-1532.

[12] BAK, BALCAZAR L, DIAZ V, et al. Hydrological evaluation of PERSIANN-CDR rainfall over upper Senegal River and Bani River basins[J]. Remote Sensing, 2018, 10 (12): 1884-1903.

[13] MIAO C, ASHOURI H, HSU K, et al. Evaluation of the PERSIANN-CDR daily rainfall estimates in capturing the behavior of extreme precipitation events over China[J]. Journal of Hydrometeorology, 2015, 16 (3): 1387-1396.

[14] LIU J, XU Z, BAI J, et al. Assessment and correction of the PERSIANN-CDR product in the Yarlung Zangbo River basin, China[J]. Remote Sensing, 2018, 10 (12): 2031-2049.

[15] IWASAKI H. NDVI prediction over Mongolian grassland using GSMaP precipitation data and JRA-25/JCDAS temperature data[J]. Journal of Arid Environments, 2009, 73 (4-5): 557-562.

[16] YAMAMOTOM K, SHIGE S, YU C, et al. Further improvement of the heavy orographic rainfall retrievals in the GSMaP algorithm for microwave radiometers[J]. Journal of Applied Meteorology and Climatology, 2017, 56 (9): 2607-2619.

[17] DENG P, ZHANG M, BING J, et al. Evaluation of the GSMaP_Gauge products using rain gauge observations and SWAT model in the upper Hanjiang River basin[J]. Atmospheric Research, 2019, 219 (1): 153-165.

[18] YANG B, ZHAO Y, ZHAO H, et al. Assessment of the two successive GPM-Based V3 and V4 GSMaP precipitation products at multiple temporal and spatial scales over China[J]. IEEE Journal of Selected Topics in Applied Earth Observations and Remote Sensing, 2019, 12 (2): 577-588.

[19] ZHANG X, ANAGNOSTOU E N, VERGARA H. Hydrologic evaluation of NWP-Adjusted CMORPH estimates of hurricane-induced precipitation in the southern appalachians[J]. Journal of Hydrometeorology, 2016, 17(4): 1087-1099.

[20] HABIB E, HAILE A T, TIAN Y, et al. Evaluation of the high-resolution CMORPH

satellite rainfall product using dense rain gauge observations and radar-based estimates[J]. Journal of Hydrometeorology, 2012, 13（6）: 1784-1798.

[21] ZEWELDI D A, GEBREMICHAEL M. Evaluation of CMORPH precipitation products at fine space–time scales[J]. Journal of Hydrometeorology, 2009, 10（1）: 300-307.

[22] WANG F, YANG H, WANG Z, et al. Drought evaluation with CMORPH satellite precipitation data in the Yellow River basin by using gridded standardized precipitation evapotranspiration index[J]. Remote Sensing, 2019, 11（5）: 485-504.

[23] HAILE A T, YAN F, HABIB E. Accuracy of the CMORPH satellite-rainfall product over Lake Tana basin in eastern Africa[J]. Atmospheric Research, 2015, 163（1）: 177-187.

[24] 沈艳, 潘旸, 宇婧婧, 等. 中国区域小时降水量融合产品的质量评估[J]. 大气科学学报, 2013, 36（1）: 37-46.

[25] 旷达, 沈艳, 牛铮, 等. 卫星反演降水产品误差随时空分辨率和雨强的变化特征分析[J]. 遥感信息, 2012（4）: 75-81.

[26] 宇婧婧, 沈艳, 潘旸, 等. 概率密度匹配法对中国区域卫星降水资料的改进[J]. 应用气象学报, 2013, 24（5）: 544-553.

[27] SHEN Y, ZHAO P, PAN Y, et al. A high spatiotemporal gauge-satellite merged precipitation analysis over China[J]. Journal of Geophysical Research: Atmospheres, 2014, 119（6）: 3063-3075.

[28] 潘旸, 沈艳, 宇婧婧, 等. 基于最优插值方法分析的中国区域地面观测与卫星反演逐时降水融合试验[J]. 气象学报, 2012, 70（6）: 1381-1389.

[29] SHEN Y, XIONG A, WANG Y, et al. Performance of high-resolution satellite precipitation products over China[J]. Journal of Geophysical Research, 2010, 115（D2）: 1-17.

[30] SHEN Y, XIONG A. Validation and comparison of a new gauge-based precipitation analysis over mainland China[J]. International Journal of Climatology, 2016, 36（1）: 252-265.

[31] XIE P, XIONG A. A conceptual model for constructing high-resolution gauge-satellite merged precipitation analyses[J]. Journal of Geophysical Research: Atmospheres, 2011, 116（D21）: 1-14.

[32] 孟现勇，王浩. SWAT 模型中国大气同化驱动集（CMADSV1.1）说明文档[Z]. 2018.

[33] MENG X，WANG H. Significance of the China meteorological assimilation driving datasets for the SWAT model（CMADS）of east Asia[J]. Water，2017，9（10）：765.

[34] MENG X，WANG H，SHI C，et al. Establishment and evaluation of the China meteorological assimilation driving datasets for the SWAT model（CMADS）[J]. Water，2018，10（11）：1555-1573.

[35] 孟现勇，师春香，刘时银，等. CMADS 数据集及其在流域水文模型中的驱动作用——以黑河流域为例[J]. 人民珠江，2016，37（7）：1-19.

[36] MENG X，WANG H，LEI X，et al. Hydrological modeling in the Manas River basin using soil and water assessment tool driven by CMADS[J]. Tehnicki Vjesnik - Technical Gazette，2017，24（2）：525-534.

[37] MENG X，WANG H，WU Y，et al. Investigating spatiotemporal changes of the land-surface processes in Xinjiang using high-resolution CLM3. 5 and CLDAS：soil temperature[J]. Scientific Reports，2017，7（1）：1-14.

[38] MENG X，WANG H，CHEN J. Profound impacts of the China meteorological assimilation driving datasets for the SWAT model（CMADS）[J]. Water，2019，11（4）：832-843.

[39] MENG X，WANG H，et al. The China meteorological assimilation driving datasets for the SWAT model（CMADS）application in China：acase study in Heihe River basin[Z]. 2017.

[40] MENG X，YU D，LIU Z. Energy balance-based SWAT model to simulate the mountain snowmelt andrunoff—taking the application in Juntanghu watershed（China）as an example[J]. Journal of Mountain Science，2015，12（1）：368-381.

[41] MENG X. Simulation and spatiotemporal pattern of air temperature and precipitation in Eastern CentralAsia using RegCM[J]. Scientific Reports，2018，8（1）：3639.

[42] MENG X，SUN Z，ZHAO H，et al. Spring flood forecasting based on the WRF-TSRM mode[J]. Tehnicki Vjesnik - Technical Gazette，2018，25（1）：141-151.

[43] DONG N, YANG M, MENG X, et al. CMADS-Driven simulation and analysis of reservoir impacts on the streamflow with a simple statistical approach[J]. Water, 2019, 11(1): 178-195.

[44] WANG Q, XIA J, ZHANG X, et al. Multi-scenario integration comparison of CMADS and TMPA datasets for hydro-climatic simulation over Ganjiang River basin, China[J]. water, 2020, 3243(12): 1-22.

[45] GUO B, ZHANG J, XU T, et al. Applicability assessment and uncertainty analysis of multi-precipitation datasets for the simulation of hydrologic models[J]. Water, 2018, 10(11): 1611-1637.

[46] 刘元波, 傅巧妮, 宋平, 等. 卫星遥感反演降水研究综述[J]. 地球科学进展, 2011, 11(26): 1162-1172.

[47] HUFFMAN G J, BOLVIN T. TRMM and other data precipitation data set documentation[Z]. 2015.

[48] 张潇潇. 卫星降水产品在三峡区间流域的应用研究[D]. 成都: 四川大学, 2018.

[49] 陈晓宏, 钟瑞达, 王兆礼, 等. 新一代GPM IMERG卫星遥感数据在中国南方地区的精度及水文效用评估[J]. 水利学报, 2017, 48(10): 1147-1156.

[50] SHANHU J, MENG Z, LILIANG R, et al. Evaluation of latest TMPA and CMORPH satellite precipitation products over Yellow River basin[J]. Water Science and Engineering, 2016, 9(2): 87-96.

[51] 王兆礼, 钟睿达, 赖成光, 等. TRMM卫星降水反演数据在珠江流域的适用性研究——以东江和北江为例[J]. 水科学进展, 2017, 28(2): 174-182.

[52] SUN R, YUAN H, LIU X, et al. Evaluation of the latest satellite–gauge precipitation products and their hydrologic applications over the Huaihe River basin[J]. Journal of Hydrology, 2016, 536(1): 302-319.

[53] 唐国强, 李哲, 薛显武, 等. 赣江流域TRMM遥感降水对地面站点观测的可替代性[J]. 水科学进展, 2015, 26(3): 340-346.

[54] XUE X, HONG Y, LIMAYE A S, et al. Statistical and hydrological evaluation of TRMM-based multi-satellite precipitation analysis over the Wangchu basin of Bhutan: are the latest satellite precipitation products 3B42V7 ready for use in ungauged basins[J]. Journal of Hydrology, 2013, 499(1): 91-99.

[55] QIAO L, HONG Y, CHEN S, et al. Performance assessment of the successive

Version 6 and Version 7 TMPA products over the climate-transitional zone in the southern Great Plains, USA[J]. Journal of Hydrology, 2014, 513（1）: 446-456.

[56] GAONA M F R, OVEREEM A, LEIJNSE H, et al. First-year evaluation of GPM rainfall over the Netherlands: IMERG day 1 final run （V03D）[J]. Journal of Hydrometeorology, 2016, 17（11）: 2799-2814.

[57] SAHLU D, NIKOLOPOULOS E I, MOGES S A, et al. First evaluation of the day-1 IMERG over the upper Blue Nile basin[J]. Journal of Hydrometeorology, 2016, 17（11）: 2875-2882.

[58] SHARIFI E, STEINACKER R, SAGHAFIAN B. Assessment of GPM-IMERG and other precipitation products against gauge data under different topographic and climatic conditions in Iran: preliminary results[J]. Remote Sensing, 2016, 135(1): 1-24.

[59] LIU Z. Comparison of integrated multisatellite retrievals for GPM（IMERG）and TRMM multisatellite precipitation analysis（TMPA）monthly precipitation products: initial results[J]. Journal of Hydrometeorology, 2016, 17（1）: 777-790.

[60] 国家气象信息中心. 中国地面气温日值 0.5°×0.5° 格点数据集（V2.0）说明文档[Z]. 2012.

[61] HALL D L. Mathematical techniques in multisenser data fusion[M]. London: Artech House, 1992.

[62] 刘国明, 夏祖勋, 解洪成. 数据融合技术及其应用[M]. 北京: 国防工业出版社, 1998.

[63] 高翔, 王勇. 数据融合技术综述[J]. 计算机测量与控制, 2002, 10(11): 706-709.

[64] 孙云华. 典型卫星影像数据反演降水产品精度分析与融合改进研究[D]. 北京: 中国矿业大学, 2017.

[65] 胡庆芳. 基于多源信息的降水空间估计及其水文应用研究[D]. 北京: 清华大学, 2013.

[66] VICENTE-SERRANO S A, SAZ-SANCHEZ M M, CUADRAT J. Comparative analysis of interpolation methods in the middle Ebro Valley（Spain）application to annual precipitation and temperature[J]. Climate Research, 2003, 24(2): 161-180.

[67] KAJORNRIT W, WONG K C, FUNG C. An interpretable fuzzy monthly rainfall spatial interpolation system for the construction of aerial rainfall maps[J]. Soft

Computing, 2016, 20（12si）: 4631-4643.

[68] GONG A S, NEPPEL N, CHEVALLIER L, et al. Geostatistical estimation of daily monsoon precipitation at fine spatial scale Koshi River basin[J]. Journal of Hydrologic Engineering, 2016, 21（5）: 160-179.

[69] PARASKEVAS T, DIMITRIOS R, ANDREAS B. Use of artificial neural network for spatial rainfall analysis[J]. Journal of Earth System Science, 2014, 123（3）: 457-465.

[70] 李哲. 多源降雨观测与融合及其在长江流域的水文应用[D]. 北京：清华大学，2015.

[71] 国家气象信息中心. 中国自动站与CMORPH融合的逐时降水量0.1°网格数据集（1.0版）说明文档[Z]. 2011.

[72] MENG X, WANG H. Significance of the China meteorological assimilation driving datasets for the SWAT model（CMADS）of east Asia[J]. Water, 2017, 9（10）: 765-770.

[73] HUFFMAN G J, BOLVIN D T. TRMM and other data precipitation data set documentation[Z]. 2015.

[74] NASA. Global precipitation measurement（GPM）integrated multi-satellitE retrievals for GPM（IMERG）algorithm theoretical basis document[Z]. 2014.

[75] 江秀芳，李丽平，周立波. 极端降水特性分析研究进展[J]. 气象与减灾研究，2012，35（2）: 1-6.

[76] 高婧，井立红，井立军，等. 北疆地区极端降水事件气候特征分析[J]. 陕西气象，2017（3）: 23-28.

[77] 罗梦森，熊世为，梁宇飞. 区域极端降水事件阈值计算方法比较分析[J]. 气象科学，2013，33（5）: 549-554.

[78] 迟潇潇，尹占娥，王轩，等. 我国极端降水阈值确定方法的对比研究[J]. 灾害学，2015，30（3）: 186-190.

[79] 伍丽丽，刘丙军，陈晓宏，等. 珠江流域极端降水阈值不确定性分析[J]. 水文，2013，33（4）: 59-64.

[80] 杜鸿. 气候变化背景下淮河流域洪水极值概率统计分析与研究[D]. 武汉：武汉大学，2014.

[81] HYNDMAN R J, FAN Y. Sample quantiles in statistical packages[J]. The American

Statistician, 1996, 50 (1): 361-367.

[82] ZHANG X, HEGERL G, ZWIERS F W, et al. Avoiding inhomogeneity in percentile-based indices of temperature extremes[J]. Journal of Climate, 2004, 18 (11): 1641-1651.

[83] 王晓利. 中国沿海极端气候变化及其对 NDVI 的影响特征研究[D]. 烟台: 中国科学院烟台海岸带研究所, 2017.

[84] 杨方兴. 内蒙古地区极端气候事件时空变化及其与 NDVI 的相关性[D]. 西安: 长安大学, 2012.

[85] 唐启义. DPS 数据处理系统 [M]. 北京: 科学出版社, 2010.

[86] 张明, 曹学章. 青海湖流域近 50 年气候变化与特征分析[J]. 新疆环境保护, 2016, 38 (4): 6-11.

[87] 邱庆栋, 章竹青, 彭梦霜, 等. 基于 Morlet 小波的长沙降水周期分析[J]. 低碳技术, 2016, 33 (2): 97-98.

[88] 廖红玲, 张智勇, 谢远玉. 近 48 年赣州市降水量变化特征分析[J]. 江西农业学报, 2010, 22 (10): 97-100.

[89] 刘闻, 曹明明, 宋进喜, 等. 陕西年降水量变化特征及周期分析[J]. 干旱区地理, 2013, 36 (5): 865-874.

[90] 杨春友, 程平, 邹费详. 金沙江中上段"05.8"洪水分析[J]. 水利水电快报, 2010, 31 (1): 9-10.

[91] 师宝寿, 舒远华. 金沙江下段干流及右岸主要支流洪水传播时间分析应用[J]. 水资源研究, 2014, 35 (3): 33-35.

[92] 岑思弦, 秦宁生, 李媛媛. 金沙江流域汛期径流量变化的气候特征分析[J]. 资源科学, 2012, 34 (8): 1538-1545.

[93] 郝世昌. 金沙江流域暴雨洪水特性[J]. 中南水电, 1991, 3 (1): 43-51.

[94] 刘尧成, 李春龙, 冯宝飞, 等. 金沙江"05.8"洪水分析[J]. 人民长江, 2006, 37 (9): 91-92.

[95] 余娟. 金沙江实测首大洪水——1966 年 8 月暴雨洪水分析[J]. 水电站设计, 1994, 10 (2): 20-24.